解決時間不夠的問題！

雙薪家庭的
輕鬆家事格局提案

忙碌夫妻的
輕鬆做家事
好宅實例集

解決「時間不夠」的問題！

雙薪家庭的輕鬆家事格局提案

>>> introduction

一個能夠讓料理、打掃、洗衣、整理，
都快速且俐落地完成的家。
——「做起家事得心應手的住宅」。
一輩子只蓋一次的家，
在規劃時便重視家事的輕鬆程度，
是不是令人覺得愉快的生活再也不只是夢想了呢？

無論選擇什麼類型的住宅，
為了能在裡面舒適地生活，
「家事」都是一件絕對少不了的任務。

隨著雙薪家庭的增加，
夫妻之間分擔家務的議題，
也開始被放大檢視；
現在，我們面對「家事」的態度，
或許正面臨一個巨大的轉變期。

若能遊刃有餘地做完家事，
不但日常生活裡的壓力減少了，
還多出了能自由支配的時間，
家庭裡的每一位成員都會有笑容。
能夠有效率地完成家務，是建構一間住宅時，
絕對不能忘記的「堅持重點」。
希望本書能夠帶給即將打造自家住宅的人，
一些實用的好點子。

Enjoy House Keeping!
ARSTON ST. MICHAELS SCHOOL
AREFIELD HOSPITAL
XBRIDGE VIA HAREFIELD

1章

Selection

讓家事輕鬆的住宅10選

精挑細選10間住宅，在忙碌的每一天裡依然能夠毫無壓力地完成家務！
即使夫妻皆為上班族、家裡有幼兒，生活節奏依然順暢不打結，
這都要感謝新家裡處處充滿著「輕鬆做家事」的巧思。
在此將「感覺變輕鬆了的家事」以排行榜形式列出，
為大家介紹整體居家環境的全貌。

採訪・撰文／早川ちか子（P8～13）、佐々木由紀（P14～19、44～49、56～61）、後藤由里子（P20～25、32～37、62～67）、
小沢理恵子（P26～31）、杉内玲子（P38～43）、水谷みゆき（P50～55）
攝影／古瀬 桂（P8～13）、松井ヒロシ（P14～19、44～49、56～61）、坂本道浩（P20～25）、山口幸一（P50～55）、主婦之友出版社照片部

CASE
01

讓家事輕鬆的住宅
10選

正因為是間一目瞭然且觸手可得的小巧實用住宅，做起家事和育兒生活都輕鬆不費力！

早上8點送完孩子上幼稚園，直到晚上7點下班回家後，便開始一波又一波的家事巨浪。由於住宅小巧而實用，提高了家務執行的效率，這樣的房子，正是雙方皆為全職上班族的藤本夫婦最好的幫手。

Name. 藤本家 | Area. 北海道

男主人愛音樂，女主人愛攝影。過著彼此皆有正職工作，同時照顧幼兒的愉快生活。開始蓋房子的同時也發覺懷孕，對於新居的感情更加深刻。

●**職業形態**
夫／全職　妻／全職

●**家事分擔率**
夫／40%　妻／60%

●**每天處理家務的事間**
夫／平日約120分鐘、假日約120分鐘
妻／平日約180分鐘、假日約240分鐘

以樓中樓連接整間屋子的設計。「分別待在客廳或餐廳，卻還能同時聊天」的歡樂家庭。

座落於山丘斜坡地上的藤本家，從客廳窗戶望出去，正是雄偉的藻岩山。在擁有極佳視野的背後，其實房子和接鄰道路的高低落差竟達3.5公尺。在地理條件如此困難的環境之下，建築師湊谷みち代、大塚達也卻完美地克服了。把地面高低落差逆向操作變成樓中樓，佔地面積約為94平方公尺的獨棟住宅即便略顯小巧，卻是一間充滿了開闊感的家。

「預算雖然是我們的第一考量，但房子面積如果大到超過負荷也很傷腦筋。反而小一點的房子做起家事更方便，打掃起來輕鬆又省事（笑）。」男主人這麼說道。排水問題則是把廚房、洗臉盆、浴室等用水設備集中在二樓的角落，便可順利解決！洗衣機一邊轉動的同時還能作菜，同時間可以俐落地處理多件家事。而最讓女主人開心的地方，則是開放式廚房以及為數不多的隔間牆面。

「平日晚上我會讓兒子坐在中島吧台，就可以一邊處理食物一邊餵他吃飯。事後的收拾也很簡便，又可以跟小孩說很多話。此外，由於家中的隔牆不多，不管我在家裡的任何角落都能注意得到兒子的動靜。這樣的安全感也會延伸，讓我覺得家事能夠輕鬆處理搞定。」

兼具輕盈感及容易打掃的優點 一舉兩得的懸浮式樓梯

↑連接房間之間的樓梯，兼具走廊以及隔間的功能，想要稍微坐下來的時候也十分便利。走廊的部分在家中幾乎已算是客廳功能的空間了。←樓梯全部為沒有踢腳板的懸浮式設計，除了視線不會被阻擋、具有開闊感之外，角落也不會堆積灰塵，打掃起來相當省事。

【我家的輕鬆家務】
排行榜
第1名
打掃

居住空間的大小適當 以及隔間牆壁偏少 打掃起來輕鬆不費力

「畢竟房子不大嘛，所以打掃一下子就完成了。這真是住在這個房子裡最輕鬆的一件家事了。週間忙碌的日子裡，稍微有點零亂也不太會在意，說服自己到週末再一次整理就好。即使集中在一起一次打掃，也不會花上太多時間，真的很輕鬆。」夫妻倆異口同聲表示。假日早起，帶孩子在公園玩個過癮後，下午再分工合作打掃屋內以及作料理。珍惜家人相聚的時光，同時也能有效率地完成家務。

【 我家的輕鬆家務 】
排行榜
第 3 名
烹飪

可以待在媽媽身邊
等待食物的時間也很愉快

「作菜的時候不須讓兒子獨處，是最棒的事。」女主人說道。採訪的這天，小朋友一邊玩著玩具車一邊說著：「還要可爾必思！」

一直都很嚮往的開放式廚房相當方便

由於女主人表示「希望能像在咖啡廳一樣，把作好的菜餚直接端上」，於是在廚房的規劃裡便增加了一張小桌子，成為吧台桌。平常日接孩子從幼稚園回家後，將利用週末事先準備好的料理加熱，在這裡餵孩子吃飯，料理也似乎更美味了。這個女主人一直很嚮往的吧台桌，在忙碌的日子裡也成為晚餐的好幫手。由於桌子尺寸小巧，同時確保了讓他人得以行走的空間。和男主人一起準備餐點或收拾的時候，彼此也不會碰撞，空間感十足。

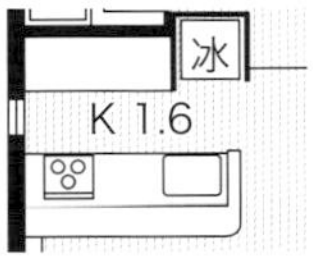

【 我家的輕鬆家務 】
排行榜
第 2 名
洗衣

在洗衣機上方設置曬衣架把洗滌與晾曬集中於同一場所

在雪國北海道，冬季洗完衣服後晾曬在室內是很常見的。藤本家在洗衣機正上方設置了曬衣架，把「洗滌」與「晾曬」集中於同一個地方，縮短了做家事的動線，節省不必要的動作與力氣。「即使夏天也無法在上班之前洗衣服，大多數還是得等下班回家後再洗，然後晚上曬衣，所以曬衣架真是太好用了。只不過沒想到小朋友要清洗的衣物這麼多，如果晾曬空間能再大一點更好。」

洗曬空間以隔簾隱藏起來

由於從廚房能夠看得見洗衣機的位置，所以採用隔簾隱藏。裡面還有放置洗潔劑的架子，所有的設計都是為了讓洗衣的動作在這裡得以全部完成。

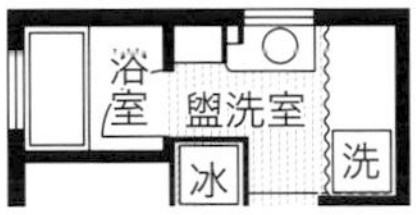

量身打造的收納空間
採開放式以方便拿取收放

利用地鐵磚裝飾廚房，是從雜誌裡擷取到的靈感。收納系統多為開放式，在木工工程上也節省經費。

大型或偏重的鍋具
以抽屜收納

為了節省開支而減少訂作家具的藤本家，卻例外在水槽底下加作了收納家具。把沉重的鍋具收放在抽屜裡，無論取收放都很輕鬆。

在吧台桌側
也有方便使用的空間

在吧台底下打造了一個專屬空間，用來收放心愛的「Fire-King」馬克杯。從吧台桌側即可取出，也隨時隨地都能欣賞收藏。

【我家的輕鬆家務】
排行榜
第 **4** 名
育兒

樓梯也是遊樂場！ 樓中樓的設計 即便正在做家事 也能看見孩子的舉動

「由於房子在生小孩前便已規劃好，當初沒有考慮到太多關於育兒方面的細節。在小朋友開始學走路的時期，樓梯曾經是隱憂，但現在他可以坐在這裡畫圖或玩捉迷藏，這個家最終變成我們沒有預期過的、可以有許多玩樂空間的地方。」男主人這麼說。此外，為了在有限的空間裡增加開闊的視覺效果，而採用的樓中樓設計，使大人在家中任何角落都能看見小孩，也能夠放心地處理家務。

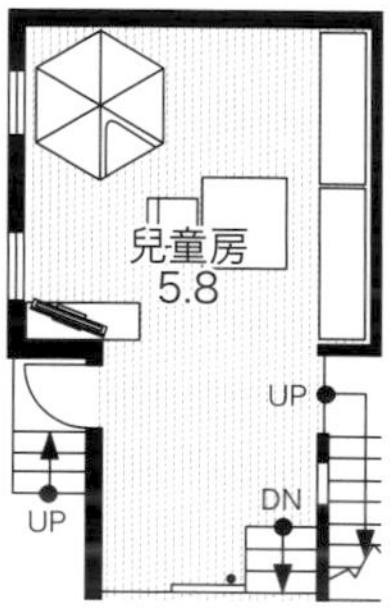

兒童房位在客廳與臥室中間 視線經常所及之處

↑連接客廳及臥室的區域，便是孩童房的位置。「即使我在看電視，也會聽到小孩喊著『爸爸過來～』。」男主人露出既傷腦筋卻又開心的表情。→考慮到未來會再生一個小孩，可以從中間再隔出一個區塊來。現在則先以平坦開放的房間形式使用。

Column

【番外篇】

身處北國才有的家務！

到了冬天，最耗費體力的剷雪工作，如今卻是「由於房子位在斜坡地，剷下來的積雪可以直接推到坡下。以前在舊家每年冬天的重度勞力工作，現在已經煙消雲散了。沒想到在這樣的位置蓋房子，居然會有這個好處（笑）」。

【我家的輕鬆家務】
排行榜
第 **5** 名
收拾

特別針對房間的用途 搭配適合的收納空間 在開始收拾之前 先讓家「不容易亂」

藤本夫妻表示，在設計房子的當初，為了將來不會出現用不到的房間，所以每個空間都事先規劃好用途。收納空間也一樣，廚房、客廳、臥室，每個不同的空間裡都有專門設計的收納位置，該在哪裡放些什麼，都是經過考量後定案的。也由於每件物品都有明確的定位，只要使用完後放回原處，整理也就結束了。不用煩惱東西該收到哪去，整個家也就變得不易凌亂了。

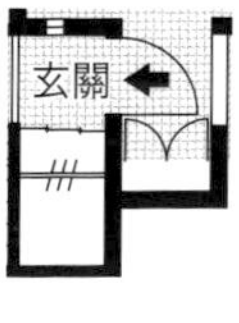

玄關處的收納空間 讓出門準備更輕鬆

在玄關側面安裝了一個大型的衣櫃，用來收放長靴、防寒衣物、雪剷等物品。不用再把厚重的衣物帶進室內，出門前的準備也相對輕鬆。↓寒冬時積雪會超過1公尺深。為了不讓雪飄進來，玄關也刻意設置在較深的位置。

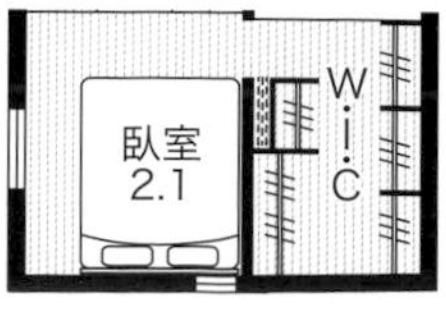

衣帽間相當寬敞 為更衣節省許多麻煩

臥室內部設置的衣帽間（W.I.C.）約1.4坪大。相對房屋整體面積而言算是偏大的空間，足夠擺放全家人的衣物，更衣時也更有效率。

Other Space

2F 客廳

從沙發望過去的風景。大片窗戶並沒有裝上窗框，而是以「壁紙包覆窗緣牆面」的作法，彷彿把雄偉風景的其中一塊剪裁下來似的，視覺上簡潔又俐落。

2F 客廳

←由於採用樓中樓的設計，客廳的天花板變高，相當舒適。在充滿原木風味的空間裡，北歐風格的家具也完美地融入其中。

1F 臥室

→「臥室就是用來睡覺的，窄小一點無妨。天花板低一些也更有安全感。」屋主表示是刻意將臥室規劃得小巧的。房間溫馨暖和，讓人很快就能熟睡。

外觀 由於房子座落於山丘上，因此玄關設於二樓。牆面採用水泥外牆板，外觀有如箱子狀，既簡潔又時尚。

屋頂陽臺

←「因為位置的關係，非要屋頂陽臺不可！」眼前就是藻岩山，夏天據說在家就能欣賞到真駒內公園施放的煙火。

2F 浴室

→採用能比系統衛浴保留更多空間的在來工法（木造軸組構法）。貼磁磚價格較高昂，便改採FRP樹脂加工材質。還加裝了音響設備，舒適度滿點。

PLAN

設計師的想法～藤本家的輕鬆家務point～

從路面到房屋有高低落差，以及因為排水問題所以無法在一樓設置任何用水設備，都是使用這片土地蓋房的缺點。構思的結果，便是把LDK、浴室及衛生設備集中在二樓，雖然有樓中樓，但需要上下移動的家事動線不多。此外，玄關側面或臥室的收納都採用塑膠盒，能夠自由地組裝變動，兼顧了使用方便度以及降低預算。樓梯具有走廊及隔間的功能，在整體面積的比例上給人開闊的感覺。

Data

家庭結構………夫婦＋1位孩童
房屋面積………192.77㎡(58.31坪)
建築面積………59.03㎡(17.86坪)
佔地面積………94.45㎡(28.57坪)
1F45.09㎡+2F46.79㎡+RF2.57㎡
結構・工法……木造2層樓(軸組工法)
工期……………2013年8月至2014年1月
主體工程費……約2060萬日幣
(另有車庫110萬日幣、設計費12%)
3.3㎡單價 ……約72萬日幣
設計……………m+o
☎011-669-7100 www.mando.jp
施工……………大一工務店 ☎0134-32-1535

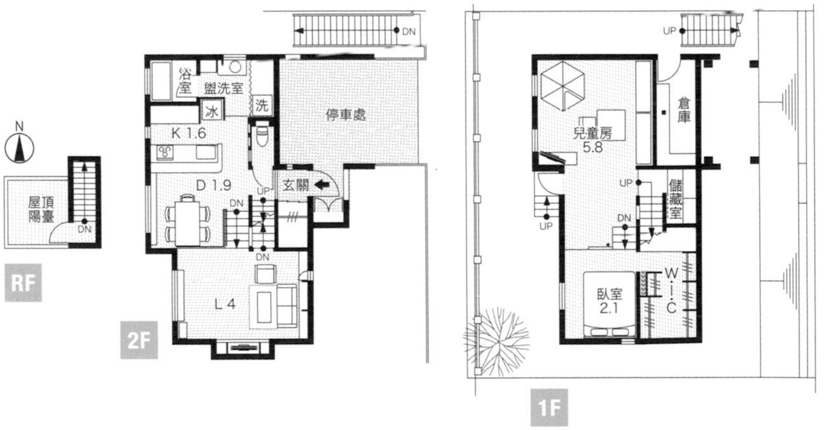

讓家務更輕鬆

推薦的家電 by 藤本家

「Makita」的無線吸塵器……我們家樓梯與落差很多，這個真是買對了。無線的直立式吸塵器打掃很方便，並且重量很輕。家中的許多落差都能輕易打掃以外，放置在廚房旁邊，孩子掉落食物時也可以馬上清潔。價格很合理吸力也強，不占空間也是一大優點。

CASE
02

讓家事輕鬆的住宅
10選

採用混凝土或水泥砂漿這類粗獷且帥氣的材料不但打掃輕鬆也使用方便

「像是倉庫翻新後的住宅」，這是中土家的設計概念。混凝土的玄關與水泥砂漿打造的廚房，追求不修邊幅的感覺，同時也是能輕鬆打掃、居住舒適的住宅。

Name. 中土家 | Area. 滋賀縣

原本居住在京都，由於土地及預算的緣故，無法打造自己的住宅，因此決定回到故鄉滋賀縣。在當地找到很棒的設計公司，蓋出全新的房子。

●職業形態
夫／全職　妻／全職

●家事分擔率
夫／40%　妻／60%

●每天處理家務的事間
夫／平日約90分鐘、假日約90分鐘
妻／平日約120分鐘、假日約150分鐘

混凝土地面、鋼鐵結構的樓梯、鷹架木板的天花板。
有如倉庫一般的空間裡，裝設了水泥砂漿材質的客製化廚房。

打開玄關的門後，眼前便是以混凝土打造出來的寬闊土間（傳統日式建築中連接室內外的空間）。使用水泥砂漿打造的廚房及鋼鐵結構的樓梯、鷹架木板搭建的天花板等等，彷彿是一間由倉庫經過重新翻修而成的房子。

基本上整間房屋沒有隔間，是開放式。將隔間牆與門減到最少，挑高打通的樓梯空間連接了一樓到二樓。「想把居家空間更有彈性地使用，開設工作坊或作品展時，可以開放我們家，希望能跟外界有更多連結。」

夫妻雙方皆有全職工作，表示希望有個寬敞的廚房，「即使二人一起站在廚房裡，仍有足夠的空間」。流理台的高度也提高了，以配合身形較高的男主人。

中土夫妻比起強調生活機能的舒適性，更希望追求設計上表現的質感。盥洗室的水龍頭選用復古款式，連小細節的零件都貫徹了理念上的初衷。

廚房也是只選擇自己需要的功能，以簡單的客製化方式組裝。訂作的固定式收納空間，以鐵架搭配木板的開放式櫃子，呈現出自然不刻意的風格。因為是實現了自我價值觀而打造的住宅，「完全沒有感到一絲的不便或壓力」，中土夫妻爽朗地表示。

【我家的輕鬆家務】
排行榜
第 **1** 名
打掃

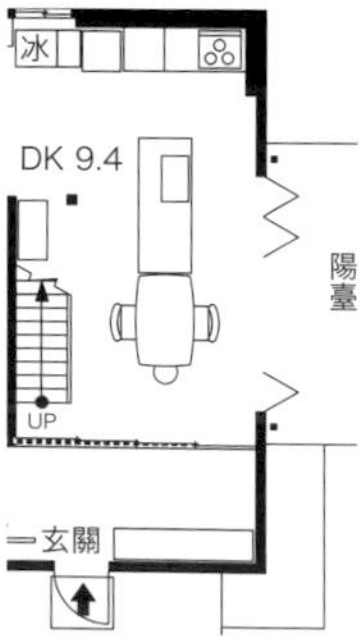

使用不易顯髒的材質
以及較少隔間牆的設計
縮短打掃時間！

飯廳及廚房都是混凝土地面，「就算不用神經質地拼命打掃，也幾乎注意不到髒污（笑）」。由於是沒有什麼隔間牆及門的開放空間（one-room）設計，「掃地機器人很容易行動，打掃時間也大幅縮短」。風格簡單的廚房也不容易藏污納垢，整理起來不費力。瓦斯爐周圍以混凝土塊圍起，兼具防火作用之外，「就算油污噴濺也不明顯，好處多多」。

【 我家的輕鬆家務 】
排行榜
第 3 名
烹飪

有所堅持的尺寸及材質所打造出來的便利中島

開闊的空間、男主人也適用的高度、大型水槽。採用耐水、耐熱、耐操的水泥砂漿材質作成的台面，配上鋼鐵結構的骨架而成。

空間寬敞的廚房 夫妻一起愉快下廚

在寬敞的廚房裡，即使兩個人一起下廚也不會彼此干擾，甚至也可以和朋友一起熱熱鬧鬧地作菜，是這個廚房令人喜歡的地方。「由於中島的台面塗上了水泥砂漿，直接擺放高溫的鍋子也沒問題。」靠牆的那一側則是選用了常見於營業用廚房的不鏽鋼架，再配上普通廚房用的瓦斯爐。「把水槽和瓦斯爐以T字型的方式排列，使用起來比預想的更方便。」不追求過多的便利功能，而是希望廚房能夠簡潔卻方便使用。

選擇簡單並且可以輕鬆使用的好設備

瓦斯爐選用的是家用機種裡設計較為粗獷的款式。排油煙機也選擇樣式簡單的機種。

【 我家的輕鬆家務 】
排行榜
第 2 名
洗衣

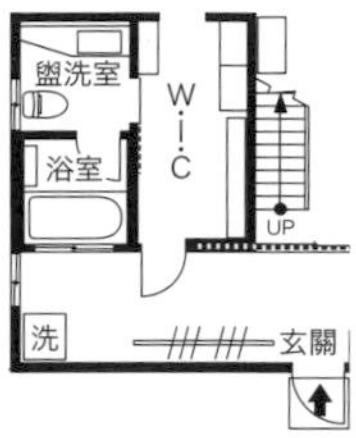

洗衣機放在寬敞的玄關土間 洗滌、晾曬、收納…… 動線也很流暢

洗衣機就放在寬廣的玄關土間一角。「到院子裡曬衣服的距離也很近，動線順暢。」由於空間相當寬敞，做起家事來也很舒服。遇到下雨天也可以直接在室內這個位置晾曬。此外，土間除了有洗衣機，也設有衣帽間，如此的隔間規劃相當便利。在盥洗室脫下的衣物，穿過衣帽間就能送進位在土間的洗衣機裡。曬乾的衣物也會經過土間回到衣帽間收納整齊。整體動線順暢又有效率。

在出入口的延伸處放置洗衣機想法新穎！

四通八達的位置就是放置洗衣機的好場所。衣架這類跟洗衣有關的物品，就統一收納在旁邊綠色的推車裡。

可以統一整理全家衣物的大容量衣帽間

在這個衣帽間裡，收納了家庭成員所有的衣服、貼身衣物、毛巾類等等用品。「因為統一集中在固定場所，洗晾後的衣物整理也很方便。」

【 我家的輕鬆家務 】
排行榜
第 **4** 名
育兒

材質選用相當重要 即使被小孩弄髒 也不必擔心

整個室內設計成開放空間，可以隨時掌握家庭成員的動態，相當適合家中有幼兒的家庭。此外，中土家多選用混凝土或別具風味的鷹架木板這類粗糙的材質，正因為質地粗糙，「就算被孩子弄髒了也不太在意」，除了這點之外，發現髒污也只要刷刷抹抹即可打掃乾淨。

兒童房沒有隔間
保有使用彈性

使用老木材的鷹架木板所打造出來的兒童房，其特色便是會隨著使用痕跡及髒污增加獨特的風味。刻意不作隔間、和其他空間都有所連接，其實是希望隨著孩子的成長過程再來作適合的變化。

寬廣的衛浴及
大型洗臉盆
是育兒過程的好幫手

由於衛浴和盥洗室連結在一起，訓練孩子如廁也很方便。大型的實驗室專用水槽則是「方便清洗小朋友弄髒的衣物」。

靈活運用各類箱子
把開放式置物架的
一個角落
變身食品儲藏間

牆上釘了粗獷的鐵架、裝上木板，利用馬口鐵盒或電線籃收納餐具或食材。最下層也當成桌子使用，深度較深。

【 我家的輕鬆家務 】
排行榜
第 **5** 名
收拾

因為是開放式收納空間 才能實踐 「沒有不必要的物品」的生活

中土夫妻表示：「我們是刻意不多作收納空間的。」一樓連接廚房的空間，在其中一片牆面上裝設開放式置物架，從餐具、食材到音響器材、書本及玩具等等，以展示的概念收納。「因為是『看得見的收納』，我們似乎也漸漸減少購買不必要的東西了。」在舊家，衣服是收納在各個不同的房間裡，「現在統一整理在一樓的衣帽間內，收拾起來也輕鬆多了」。

Other Space

2F　客廳
牆壁是由木工師傅把每片尺寸、厚度都不同的老木材一片一片貼上而成。地板使用馬賽克地磚，相當具有特色但並不會過於粗獷。

2F　臥室
中土夫妻表示「臥室小一點、天花板低一點反而更好」。被木頭環繞的精緻空間，充滿著有如山上小木屋般的溫馨感。

1F　露台
面對露台設計了大型的開口，希望帶入大量的陽光及空氣。「有派對時就讓拉門敞開，連露台都能一併使用，相當方便。」

外觀
小型窗戶整齊排列，連外觀也統一成倉庫風格。「玄關外設置大型屋簷，下雨天不必撐傘就能直接在門口上下車了。」

1F　DK
任餐廚空間的盡頭放置沙發、把置物架底部當成桌子，這裡就是看書或聽音樂的娛樂空間。只開了一扇小窗，打造出來的沉靜感使人心情放鬆。

PLAN

設計師的想法～中土家的輕鬆家務point～

在進行規劃時，我們沒有被傳統觀念上的「廚房」給限制。由於屋主希望能和家人或客人一起熱熱鬧鬧地圍繞在廚房裡，所以把獨立型的水槽及餐桌設計在房間中央，而瓦斯爐及置物櫃則設計在牆面位置。最終夫妻倆能夠分工合作，這樣的設計也獲得了肯定。收納機能視位置需求而定，大型物品就集中在衣帽間。由於屋主喜歡衣物及小配件，因此我們運用了巧思，讓東西以展示的方式收納。

Data

家庭結構……… 夫婦＋1位孩童
房屋面積……… 174.38㎡(52.75坪)
建築面積……… 72.87㎡(22.04坪)
佔地面積……… 119.24㎡(36.07坪)
1F59.62㎡+2F59.62㎡
結構・工法 …… 木造2層樓(軸組工法)
工期…………… 2015年2月至8月
設計…………… ALTS DESIGN OFFECE ☎0748-63-1025
http://alts-design.com

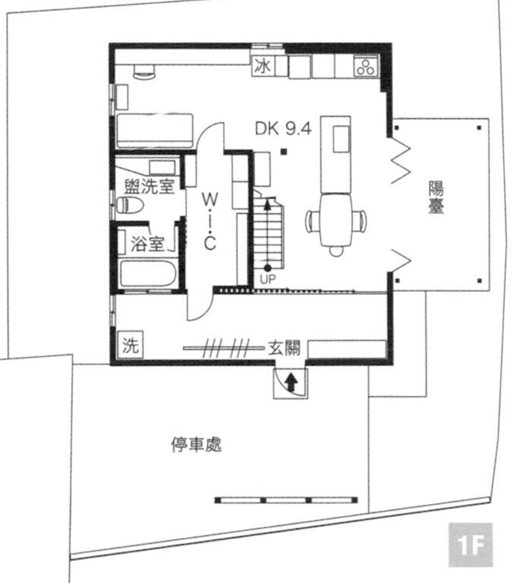

讓家務更輕鬆

建議的設備機器 by 中土家

「林內」的「Drop In系列」瓦斯爐…有著營業用的帥氣外觀與家庭用的方便性。不鏽鋼流理台面相當耐用，台面上的開關也很方便。

客廳位於日照良好的二樓。設計成無論從廚房、洗衣間、曬衣陽臺都能看得清楚的配置。

CASE 03

讓家事輕鬆的住宅10選

以「順手做家事」的想法規劃設計 育兒也變得輕鬆許多！

「房子是全新建築，雖然居住空間變大，但希望在做家事的時候不要拉長移動距離。」這是屋主M的想法。把洗衣間及讀書間和起居餐廚空間（LDK）連結，打造一間無論處理家務或陪伴孩子，都毫無障礙的住宅。

Name. M家　Area. 東京市

夫妻倆人及三姊妹，總共五人的家庭。緊鄰新家後方的，便是男主人奶奶的居所，母親也住在不遠處。四代家庭成員隨時都能輕鬆互動。

●職業形態
夫／全職　妻／個人公司·自由接案者

●家事分擔率
夫／20%　妻／80%

●每天處理家務的事間
夫／平日約30分鐘、假日約180分鐘
妻／平日約300分鐘、假日約360分鐘

廚房不採全開放式，而是設計成打通的半開放式。「多虧了這樣的廚房，餐廳變成一個令人放鬆的空間。」

對雙薪家庭的M氏夫妻來說，「家事能夠輕鬆做」似乎是打造新居時最重要的一件事。可以同時進行下廚、洗滌、整理等等家務，也能夠注意孩子們的動靜。於是從「順手做家事、順手陪伴孩子」這個重點來規劃新家。

而且，女主人對於昏暗且寒冷的環境非常難適應。「不只要能夠輕鬆、還要能夠舒服愉快地做家事，最為理想。」因此在這點上，便把洗衣間設在光線充足的位置，和二樓的起居餐廚空間在一起。洗衣間和客餐廳之間是無門設計，所以能清楚知道孩子們在一旁遊玩的動態。「可以待在明亮又暖和的空間裡處理家務真的很棒。尤其地板因為被陽光曬得溫暖而舒服，所以我總是光著腳丫。以前我是一整年都要穿著襪子的人，居然現在有這樣的變化，自己也很吃驚（笑）。」

也因為媽媽就在自己的面前做家事，孩子們也變得比以前願意主動幫忙了。夫妻倆表示：「如果是在一樓的盥洗室裡處理這些洗滌工作，孩子們就不會來幫忙了啊。」因為近距離看到父母親做家事的模樣，孩子們也自然而然地學習跟日常生活有關的事——因為起居餐廚空間的一角設置了洗衣間，卻產生意想不到的效果。

【我家的輕鬆家務】
排行榜
第1名
洗衣

以家事動線為第一考量
所規劃出來的配置
確實感受居住的舒適度！

「以前住在普通公寓時，洗衣機到陽臺的距離很遠，收拾折疊好的衣物也很花時間。再來就是，做家事的同時又為了要確認孩子們的動靜，總是得不停地在家中走來走去。因此在打造獨棟新家時，即使居住空間變大，但洗衣動線要盡可能縮短，我們在這點上面花了很多心思。」起居餐廚空間、洗衣間、曬衣陽臺都集中在同一層樓的鄰近位置，省去了移動的麻煩。同時也能自然地觀察到孩子們的動靜。

在視線所及之處
設置孩子們專用的
收納空間

讀書室裡的置物架，採用能夠自由調整高度的設計。只要拉上隔簾就能全部隱藏起來，空間變得清爽。

可以和媽媽說話唷！

以木板拼接起來的牆面上開了個小窗，可通到餐廳。「一邊洗衣的同時，可以觀察到起居餐廳的情況，很讓人安心。」

曬衣陽臺
和洗衣間直接連結

右方牆壁後面就是洗衣間，可以直接通往曬衣陽臺。陽臺有屋頂所以不用擔心下雨，外出工作前在陽臺曬好衣服，下班回家後再收進來。

規劃出能愉快處理家務的
洗滌專用空間

洗衣間裡還有專洗髒污的水槽以及燙衣板。跟洗衣有關的一切家事都能在這裡搞定。再往裡面是食品儲藏間及廚房。

把換洗衣物裝在籃子裡，
準備洗澡去！

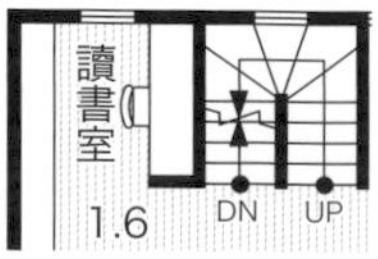

**在視線所及之處
設置孩子們專用的
收納空間**

讀書室裡的置物架，採用能夠自由調整高度的設計。只要拉上隔簾就能全部隱藏起來，空間變得清爽。

【我家的輕鬆家務】
排行榜
第 3 名
烹飪

廚具之間保有良好距離的設計
夫妻共同下廚也輕鬆不費力

「住在公寓時的廚房相當狹小不易走動，二個人一起作菜的時候經常撞來撞去。」流理台偏低引發屋主腰痛也是另一個煩惱的根源，因此在新居裡一次解決這兩個問題。通道寬敞的Ⅱ型廚房，即使兩名成人站在廚房裡背對背，也不會彼此干擾。「流理台加高之後，身高179cm的先生使用起來似乎更得心應手，也經常主動參與下廚了。」

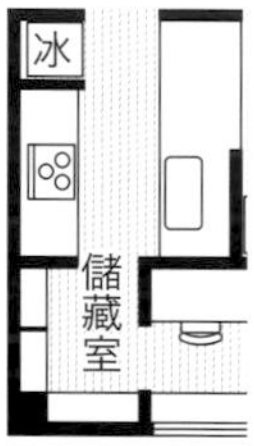

**裝潢使用的建材
也考慮到減輕家務負擔**

流理台面使用的是沒有拼接的大片磁磚，比起小片的磁磚，大片的更容易清理。在面對餐廳這一側、有水槽的位置，刻意搭起一部分牆面，把水槽隱藏起來。

【我家的輕鬆家務】
排行榜
第 2 名
收拾

為了讓孩子們能夠自己收拾
採用大量的開放式置物架

在起居餐廚空間裡，也設有讓孩子們看書或寫作業專用的讀書室，背後就是收納空間。「孩子們的衣服、學校制服、書包等等學用品，全部集中在這裡。置物櫃沒有門，小朋友們拿取東西很方便，家長也可以隨時目視確認東西是否歸位。」位在玄關處的鞋櫃衣帽間也是一樣，設計成沒有門板的開放式。鞋子和外套都能迅速擺好，整理玄關也輕鬆愉快。

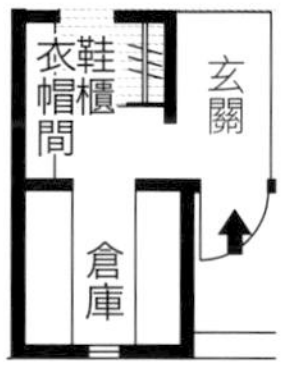

**通道式的衣帽間，
歸位的同時整理
也自動完成。**

玄關設計成兩個入口處，分別是家人自用以及來客專用。家人用的入口處，在移動至室內的同時可順便擺放鞋子、上衣外套。也可直接通往置物的倉庫。

PLAN

設計師的想法～M家的輕鬆家務point～

有著活潑孩子的M家，洗衣是每天必要的家務。也因為女主人有工作，所以縮短做家事的時間、增加和家人共渡的時光就成了設計屋子時的重點。所以我們把廚房、洗衣間、起居餐廳、讀書室連結起來，使做家事的動線縮到最短，無論在哪個位置都能知道家人彼此的動態。雖然處理家務的地方是隱藏起來的「後台」，但內部裝潢也沒有輕忽，讓全家人都能愉快地生活在一起是最重要的。

Data

家庭結構……… 夫婦+3位孩童
房屋面積……… 100.07㎡(30.27坪)
建築面積……… 52.99㎡(16.03坪)
佔地面積……… 133.31㎡(40.33坪)
1F48.02㎡+2F46.37㎡+3F38.92㎡
結構・工法…… 木造3層樓(軸組工法)
工期…………… 2015年9月至2016年2月
主體工程費…… 約2770萬日幣
3.3㎡單價 …… 約69萬日幣
設計…………… PLAN BOX一級建築師事務所
☎03-5452-1099
www.mmjp.or.jp/p-box
施工…………… 河端建設㈱ ☎03-3926-1111

讓家務更輕鬆

建議的設備機器 by M家

「TOTO」附有快速開關的水龍頭…出水／止水只要輕觸一下即可，相當容易。作菜的時候以及事後的清潔都很方便。

「TOTO」的「NEOREST」馬桶…因為沖入的水是「殺菌清水」，所以馬桶不太會髒，打掃馬桶也變得超容易。

讓家務更輕鬆

推薦的家電 by M家

洗碗機…我想哪個品牌都沒有影響，開始使用洗碗機後手就再也不乾燥了。順帶一提我們家用的是「HARMAN」的機器。

容量10kg的洗衣機…配合新家所以買了大型的洗衣機。可以一次清洗每天在外大量活動的小孩衣服，壓力全消！

Other Space

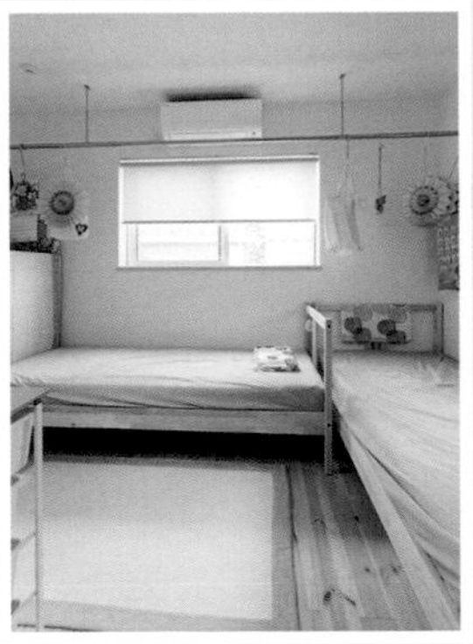

3F 兒童房
←目前放的是大女兒和二女兒的床，也許將來會變成夫妻倆的臥室，所以維持簡單的風格。

3F 洗手台
→「位在一樓盥洗室裡的洗手台，是注重功能性的市販品，但在這裡的洗手台就選用較有設計感的款式。」使用磁磚，營造自然的風格。

1F 玄關&和室
←和玄關通道連接的開放式和室。比起獨立的房間，更希望作為多用途的空間使用，透氣性也更良好。只要關上拉門就能變成獨立房間。

1F 書房
→依男主人的要求所規劃的書房。雖然僅有1.5坪大小，但是地面鋪設榻榻米，並有向下挖空的暖桌風格書桌，待起來相當舒適愜意。

外觀
←二樓有陽臺的三層樓建築。一樓也有以木製籬笆圍起來、日式檐廊風味的甲板露台。右後方所見的便是奶奶的住所。

1F 玄關&和室
懸空式壁櫥配上地窗（靠近地面處開設對外小窗），使開放式的和室更顯得寬敞。將來需要和母親同住時也能相應調整。

CASE

04

讓家事輕鬆的住宅
10選

匚字型的廚房和沒有牆面的隔間規劃下廚或打掃都能得心應手的新家

在樣品屋裡一見鍾情的匚字型設計，是把餐桌和廚房結合在一起的一體成形餐廚空間。走廊、不用隔牆的隔間規劃、延伸至露台的空間設計等等，摒棄固定觀念，打造出一間充滿開闊感又能輕鬆做家事的居家環境。

Name. 石川家　Area. 埼玉縣

任職於會計師事務所的男主人，和因懷孕生產而回歸家庭的女主人，加上一歲的小朋友總共三人。屋主兩人不但同鄉且同年齡，有許多共通的朋友，在家聚會的機率頗高。

●職業形態
夫／全職　妻／家管

●家事分擔率
夫／30%　妻／70%

●每天處理家務的事間（包含育兒）
夫／平日約120分鐘、假日約240分鐘
妻／平日約840分鐘、假日約600分鐘

面向露台的起居餐廚空間（LDK），有著比實際坪數更大的開闊感。周圍有護牆包圍，即使處理家務時孩子在外面玩耍也很放心。

【我家的輕鬆家務】排行榜 第1名

烹飪

廚房及餐廳結合的ㄈ字型設計與食品儲藏區做起家事真輕鬆!

和餐桌結合在一起的ㄈ字型廚房，如同飛機的駕駛艙般，不僅作菜順手，端菜上桌也很方便省時，總之好處多多。「在水槽側的流理台上方有餐具櫃，從作菜到收拾整理都能以最節省力氣的方式完成。」刻意設計成大容量的食物儲藏區，由於沒有特別規劃內部的結構，因此使用上可有不同用途，拿取物品很方便，庫存管理也容易。

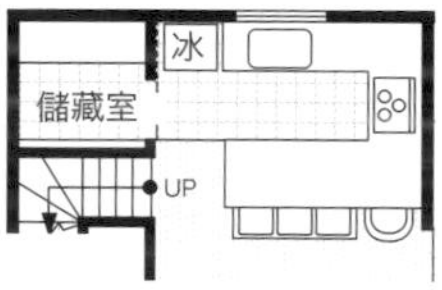

石川夫妻喜歡室內裝潢，總是討論著自建住宅時理想的隔間規劃。「不過最初還是被既定觀念給箝制住。在居家雜誌裡找到符合理想的住宅樣貌後，立刻前往諮詢。收到的提案設計圖，在降低成本的同時，還能讓家事能夠輕鬆執行，又能把空間作出有效的運用，總之我們獲得了許多嶄新的創意。」

和餐桌結合在一起的ㄈ字型廚房，下廚、上菜、收拾都很輕鬆，在起居餐廚空間裡，家人之間也很容易彼此溝通。

沒有隔間的空間規劃，不僅打掃方便，也減去了不必要的移動，日常生活裡做家事的時間也就縮短了。

「由於預算及隔間規劃的緣故，收納置物的空間雖然偏少，但實際住進來之後，正因為空間有所限制，自然而然地購物時便會深思熟慮，從『屯積物品』轉變成『置換物品』的思考模式。不受既定觀念的限制，先規劃做家事的動線，也把將來長遠的生活形態一併考慮進來。在這間屋子裡，令人深深感受到不只是『做起家事得心應手』，更是『做起家事樂在其中』。」

開放式收納
輕鬆拿取收放
省時＆省力！

↑在牆面上加裝餐具櫃，餐具就只收納在這裡。「這麼一來不會胡亂增加餐具的數量，盛盤時也不再猶豫要挑什麼盤子了。」

↗咖啡機置於流理台上，這裡就成了咖啡區。無論從廚房或從餐廳都可以沖咖啡。

→為了節省預算，廚房台面下方的置物架作成開放式。不但經常使用的廚具拿取收納都方便，物件的擺放位置也很清楚。

水龍頭選用感應式

「只要以手遮住就能感應出水，衛生層面上作菜時更得心應手。因為每餐都會用到，真的很方便。」

大容量的食品儲藏區
沒有門板的設計拿取很容易

除了食品，生活用品也整理收納於此。「也可以當成客人臨時的置物區，所以要看起來整齊乾淨。」

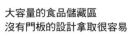

匚字型的廚房
做起事來更得心應手

因為結合了餐桌，所以保有寬廣的活動空間。「因為我們是兩個人一起下廚，不但過程愉快而且效率也高！」

CASE

05

讓家事輕鬆的住宅
10選

托房屋設計得簡潔之福 生活起居、料理家務都很舒適流暢

簡潔又充滿現代感的空間規劃，配上時髦的室內設計，就是小松家。
而這些特色其實也延伸出來，得到輕鬆做家事的效果。
把戶外的空間納入整體規劃，育兒生活自在又愜意。

Name. 小松家　Area. 千葉縣

屋主夫婦的年齡皆為三十多歲。結婚前男主人便已開始尋找土地，因此新婚生活便在新居裡展開。搬入新家後長子誕生，目前正為第一個孩子的育兒生活努力中。

●職業形態
夫／全職　妻／兼職

●家事分擔率
夫／10%　妻／90%

●每天處理家務的事間
夫／平日約10分鐘、假日約10分鐘　妻／平日約90分鐘、假日約120分鐘

天花板是整齊排列的木樑，配上形狀方正的黑牆，摩登感十足。樓梯融合在起居餐廳的空間裡，增加家人彼此接觸的機會。

小松先生的工作是與住宅業務有關，而小松太太則是護士。生活忙碌的小松夫妻所期望的，是結合了「容易處理家務、不必耗費心力就能輕鬆生活」以及「有著溫暖氣氛的現代感設計」這兩點的住宅。

根據「家人在一起放鬆的空間要愈寬敞愈好」這樣的需求，一樓設計成沒有隔間的開放式居起餐廚空間。在客廳的角落裡有個榻榻米區塊，從這裡連結到日照良好的陽台。「這個空間的延伸，是整個家住起來很舒適的最大理由。雖然房子蓋好後孩子才出生，但榻榻米可以讓孩子午睡，而陽台又可以作為安全的室外遊樂場，非常實用。」

二樓有盥洗室、浴室和臥室，針對洗衣曬衣的部分，設計了許多減輕負擔的巧思。最初是為了點綴裝潢而裝設的窗戶，如今也拜其之賜使做家事變得輕鬆，兼具了功能性及設計感的完美結合。

沒有隔間的居起餐廚空間，也帶來了簡單打掃即可的好處。「原本只想要一間設計簡潔的房子，沒想到最後變成了連家務跟生活都變得輕鬆舒適的住宅。」夫妻兩共同表示。如此放鬆愜意的生活，值得效法與學習。

【我家的輕鬆家務】
排行榜
第1名
洗衣

移動洗曬衣物的動線縮到最短 從「晾曬」到「收整」順暢不打結

浴室、盥洗室、兼具曬衣場功能的浴室露台、衣櫥，全部規劃成集中在二樓的同一區域。衣物類用品不需要在樓層之間移動，和洗衣有關的家事全部可以在這個區域完成。「把曬好的衣物收進來後，我總是在浴室露台旁的走廊折疊整理。挑高區域有一面大窗，陽光充足，真的很舒服。」太太說道。設有衣櫃的臥室和走廊直接連接，收拾折疊好的衣物所需要的動線也最短。

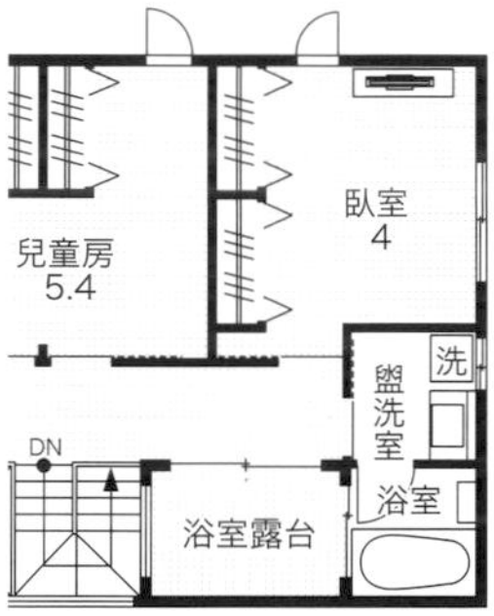

拓寬走廊 也可當成家事區

↑左手邊的窗戶外面即為兼具曬衣場功能的浴室露台。走廊的寬度稍微拓寬，不但可以在此處折疊曬好的衣物，也可以當成室內的曬衣場，相當實用。
←大片窗戶採光充足，使這個區域既明亮又舒適。

在走廊裡折好的衣服 直接收到臥室即可

鋪上墊被即可入睡的臥室。洗曬好的衣物在走廊折疊好後，即可收納於此。由於有一整個壁面的衣櫥，收納容量相當充足。

【我家的輕鬆家務】
排行榜
第 2 名
收拾

縮減窗戶
保留完整的大片牆面
提升收納容量

小松家的置物收納規劃，和「採光」有著密切關係。一樓的陽台側和二樓的挑高空間配大片窗戶，已經為室內帶來充足的光線；因此其他位置便縮減了窗戶的尺寸，讓大面積的牆面為收納派上用場。「能夠兼具採光及收納，我們很滿意。想要生活得簡潔愜意，置物空間相當重要。接下來隨著孩子的成長，東西想必也會變多，準備大量的置物櫃是正確的決定。」

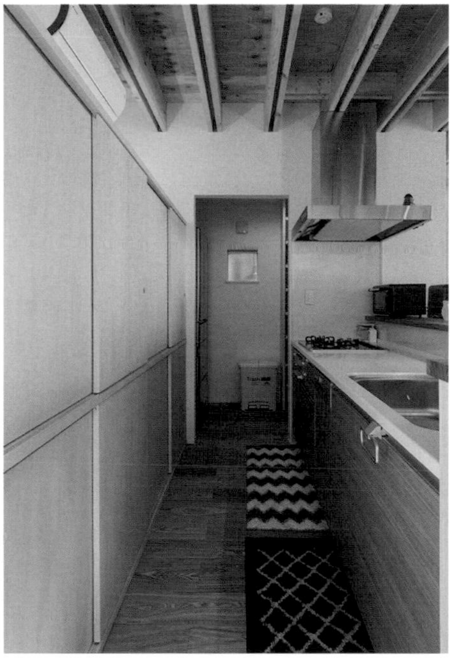

配合用途
採用訂作的收納設計

客廳裡也有一面牆作為收納用。無論電視櫃兼置物櫃或懸空式壁櫥，都是不會帶來壓迫感的設計。

靠牆的開放式置物櫃
也可當作裝飾陳列

由於樓層挑高處已有充足的採光，餐廳區的牆面便作了大容量的置物櫃設計。開放式的收納減輕了壓迫感。

背面置物櫃＋食物儲藏室
＝收納得整整齊齊的廚房

「利用背對流理台的牆面，設置上下二層的置物櫃，各自附有拉門。只要打開需要用的部分即可，很方便。」食品則放在裡面的儲藏室內。

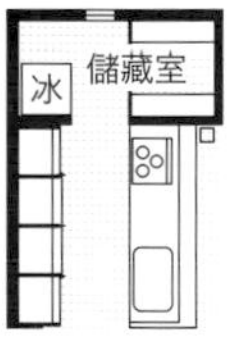

暫放物品時超實用的
「留白空間」

（右）在玄關脫鞋處的一角，有個設置了折疊門的空間。「這裡可以放資源回收的垃圾、飲水機的水瓶等等，相當實用。也因為有了這塊空間，所以玄關得以常保整齊。」（左）玄關處則設計了一個高度直達天花板的鞋櫃。

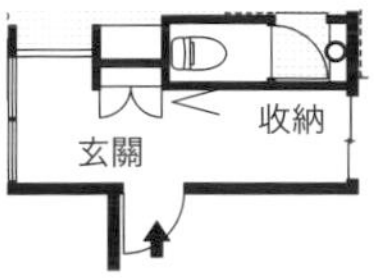

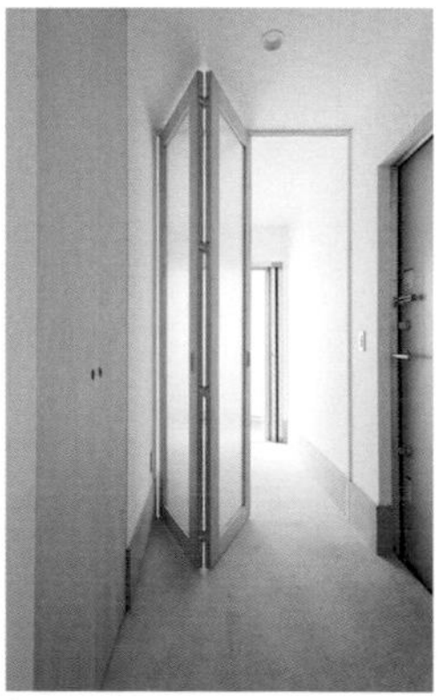

【我家的輕鬆家務】
排行榜
第 3 名
育兒

圍起得恰到好處的戶外空間最適合當成小朋友的遊樂場！

由於小松家的位置在角落，有兩面與馬路連接。因此設計規劃時便決定以圍牆把四周包圍起來。「除了保有隱私之外，也可以放心地讓孩子在外面玩耍。從廚房就能看得見，可以一邊做家事一邊觀察孩子，很方便。無論是我或孩子都可以做自己想做的事，環境相當理想。」女主人表示。從玄關延伸出去的走道也在圍牆內，不用擔心孩子會突然就衝到馬路上去。

保護孩子安全的玄關前走道

被圍牆保護起來、有如中庭般的玄關前走道。為有車子經過的馬路和家門形成良好的緩衝，不但能確保孩子的安全，在全家人預計外出時也可於此好整以暇地準備。

室外舒適的天氣
即使室內的育兒生活也能享受

露台和榻榻米空間，無論是在室外活動或曬曬太陽、睡個午覺等等，都很實用。由於圍牆已經遮避了外面視線，所以不用裝窗簾也可以。

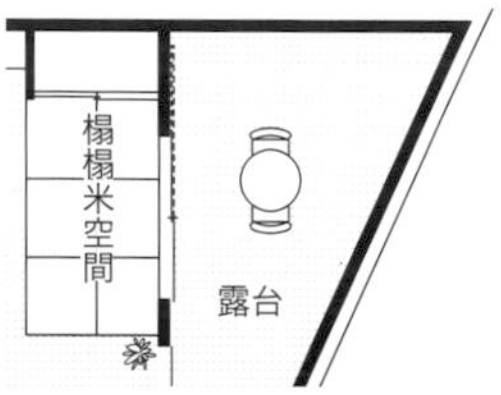

1F　廁所

← 廁所雖然靠近客廳，但由於會先經過洗手台區域，所以隱蔽性高，可安心使用。

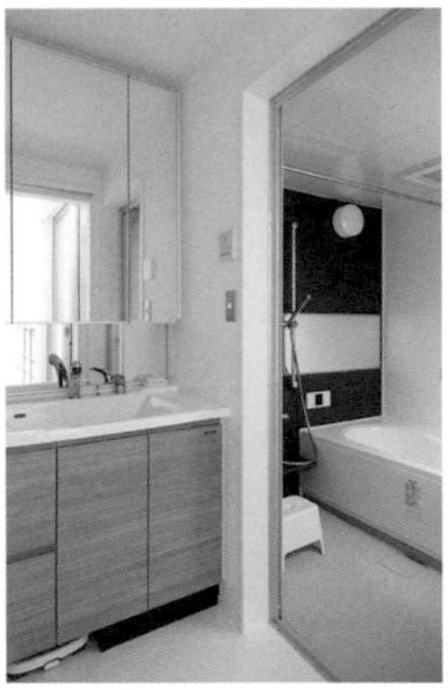

2F　盥洗＆浴室

→ 浴室有一個面朝陽台的窗戶，兼具明亮及開闊感。洗臉台選用現成的商品，整體質感簡潔時尚。

2F　兒童房

兒童房是入口有兩個，房間裡面相通的設計。將來若有需要，可以隔成兩個房間。

外觀

三角型的屋頂配上白色的外牆，還有四方形的窗戶。去除了不必要的裝飾，維持簡潔設計的同時，也彷彿有種童話繪本裡會出現的可愛氣息。

1F　客廳

天花板上併列的木樑，是為了支撐二樓樓面的設計。正因如此一樓得以採用隔牆較少的大空間規劃。

設計師的想法～小松家的輕鬆家務point～

由於小松家面臨交通量大的道路，便以圍牆包圍起來後，作出中庭，再把房子以面朝中庭的方式設計提案。這種中庭式的房子由於牆面較多，能確保收納空間，同時也是適合育兒的環境。不過，窗戶偏少的房子容易給人一種陰沉的印象。為了不讓小松家變得陰暗，除了在二樓裝設大型的正方形窗戶之外，外觀設計也盡量展現出柔和且溫暖的風格。

家庭結構……… 夫婦＋1位孩童
房屋面積……… 134.04㎡(40.55坪)
建築面積……… 59.62㎡(18.04坪)
佔地面積……… 110.96㎡(33.57坪) 1F59.62㎡＋2F51.34㎡
結構・工法 …… 木造2層樓(2×4工法)
工期…………… 2014年4月至10月
主體工程費…… 約2300萬日幣
3.3㎡單價 …… 約69萬日幣
設計…………… atelier HAKO建築設計事務所(七島幸之、佐野友美)
☎03-5942-6037 www.hako-arch.com
施工…………… ㈱大倉 東京本社 ☎03-3549-1800

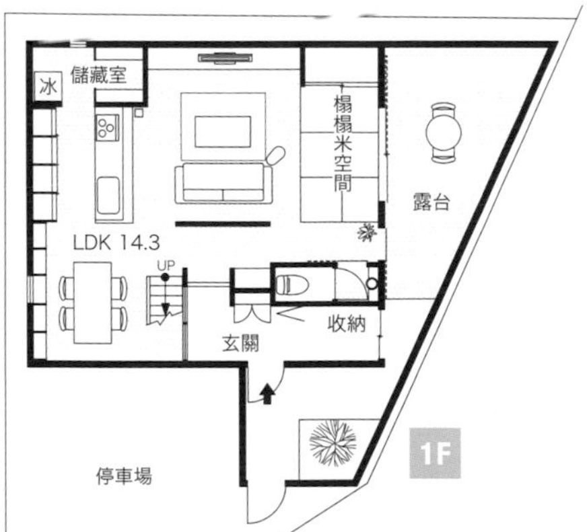

讓家務更輕鬆

推薦的家電 by 小松家

「Dyson」無線吸塵器…不用反覆拔插頭，操作方便。尤其我們家一樓是沒有隔間的開放式空間，就連樓梯和走廊都很寬敞，使用吸塵器時非常輕鬆容易。地板也沒有拉門的軌道，打掃方便，因此決定買這台吸塵器作為得力助手。

掛著電視機的牆壁內側，是位於二樓中間的大型儲藏室。以這個儲藏室為區隔，和餐廚空間（DK）巧妙分隔開來的客廳，正是家人們放鬆的區域。

CASE

06

讓家事輕鬆的住宅10選

開放式的隔間設計以及大型儲藏室打掃或收拾都輕而易舉

蓋了一間能夠隨時感受到家人動靜的少隔間新家，沒想到竟然連打掃和整理都跟著變輕鬆。為了隱藏柱子而設計的大型儲藏室，也成為豪華的收納空間。舒適愜意的住家，也可以是輕鬆做家事的住家。

Name. 宇野家 ｜ Area. 埼玉縣

男主人正幸的興趣廣泛，有釣魚、攝影、聽音樂等等；女主人理江是幾乎全職的藥劑師，並且非常喜歡在家招待朋友。跟長男晴生、長女琴一起生活的四口之家。

●職業形態
夫／全職　妻／兼職

●家事分擔率
夫／20%　妻／80%

●每天處理家務的事間
夫／平日約10分鐘、假日約120分鐘
妻／平日約120分鐘、假日約120分鐘

有著開放空間感的二樓，可以沿著儲藏室繞圈而行。無論從哪裡都可以用最短的動線進入儲藏室，收拾整理一點也不辛苦。

宇野夫婦的新家構築概念，是具有開放感且讓家人便於彼此溝通的「開放空間感的家」。而把概念具體呈現出來，使用的規劃方式是上了樓梯後便沒有所謂的隔牆或門板，直接看到餐廳及廚房，很寬敞舒適的空間設計。

在二樓的正中央位置，由於房屋構造上必需要有要柱子，因此逆向操作以牆把柱子包圍起來，作成儲藏室。這個儲藏室不但具有隔間的功能，讓客廳和餐廳有著恰到好處的獨立性之外，也實現了開放式起居餐廚空間的想法。

一樓把玄關和樓梯結合，臥室沒有裝設門板的作法相當創新，整個家能夠不被切割地完全整合在一起。「早上從二樓傳出『早餐準備好了哦』的聲音後，在一樓的孩子們馬上就會起床，節省了許多時間。」

此外，打掃及整理也有著驚人的效率。「無論一樓或二樓都幾乎沒有隔間，只要分別在各樓層啟動一次掃地機器人，就幾乎清掃乾淨了。忙碌的時候，只要先把東西暫時放到二樓中央的大型儲藏室裡，環境看起來就總是乾乾淨淨的樣子了（笑）。」女主人理江說道。藉由開放空間的設計，處理家務的辛勞也一掃而空。

【我家的輕鬆家務】
排行榜
第 1 名
打掃

一樓從玄關到臥室都沒有隔間。
掃地機器人的實力得以完全發揮

從入口脫鞋處到走廊，刻意設計成沒有高低落差，但有把掃地機器人設定成無法前進至脫鞋處。一樓除了地面抬高一階的兒童房之外，其他區域只需要啟動一次掃地機器人就能打掃乾淨。盥洗室或衣帽間的地面也沒有高低落差，一次就能全部處理好。「一樓的掃地機器人在洗澡前啟動，之後就能在已經掃乾淨的臥室裡就寢。」

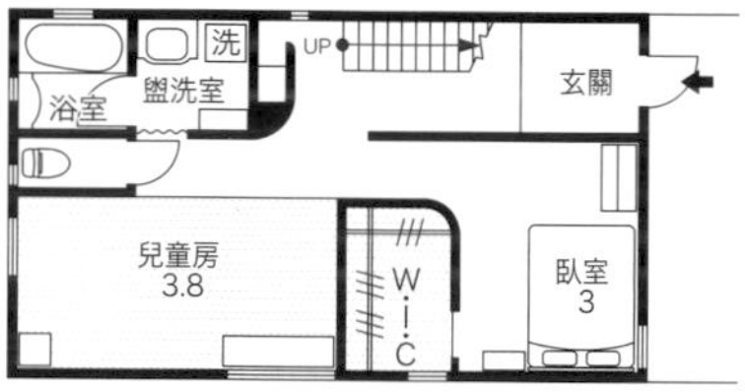

幾乎沒有隔間牆的家
打掃的程序瞬間減少許多

僅有廁所及浴室的入口有裝設門板。徹底實行沒有隔間規劃的宇野家，讓掃地機器人的功用發揮極致。「二樓除了地板有抬高一階的書房之外，其他區域都只需要啟動一次掃地機器人，就能全部打掃乾淨。早上起床後按下開關，讓掃地機器人開始行動的同時準備早餐及便當。餐廳廚房、大型儲藏室、客廳、盥洗室、廁所全部清掃乾淨後，便能心情舒爽地享用早餐。」一樓也是一樣，只需要啟動一次機器就能幾乎完全打掃乾淨，相當有效率。

反射光線而閃閃發亮的磁磚
讓水漬變得不明顯！

廚房及二樓盥洗室的周圍，鋪上威尼斯馬賽克磁磚。水漬不明顯，使用起來零壓力。

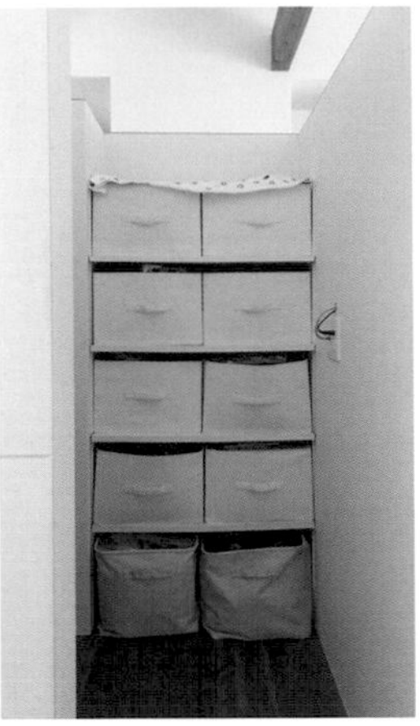

二樓中央的儲藏室
進出方便、使用順手

←二樓中央以牆壁圍成一個儲藏室。「從餐廳廚房或客廳方向都很容易使用，孩子們也可以自己收拾東西。」由於離廚房也近，也能當成食物儲藏間。↑內部使用的是功能性優異的現成商品。大小約為0.7坪，左手邊也還有充足的空間。

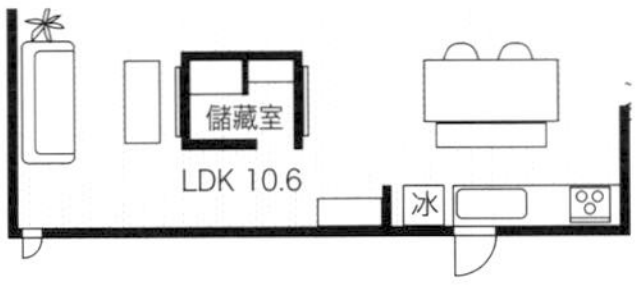

【我家的輕鬆家務】
排行榜
第 2 名
收拾

在樓層內直接設置大型儲藏間 把需要的物品集中整理

把大容量的儲藏空間直接設計在家裡最重要的位置，是宇野家特有的收納規劃。食品、日用品、書籍等物品，都集中收整在二樓中央的儲藏室，衣物則收在臥室的衣帽間，至於季節性用品或使用率低的客用棉被，則收在置物櫃裡。由於東西都集中在一起，因此省去了東找西找的麻煩。而整理起來較花時間的物品，或是暫時處理到一半的東西，都可以先放在大型儲藏室內，也是一項優點。

使用率低卻又
不可或缺的物品
收納於閣樓

女兒節娃娃、聖誕節裝飾品、客人用棉被、換季衣物或鞋子、永久保留的蒐集品之類物品，存放於閣樓。「大小約有1.4坪，容量充足」

不設門板的衣帽間
不僅出入順暢
又很省時！

「臥室入口和衣帽間都沒有門，匆忙下班回家時，可以一邊脫外套一邊走進走廊，然後就進到衣帽間換衣服，相當方便。需要把衣服攤在床上思考穿搭時，不需要開開關關門板，進出動線流暢。」

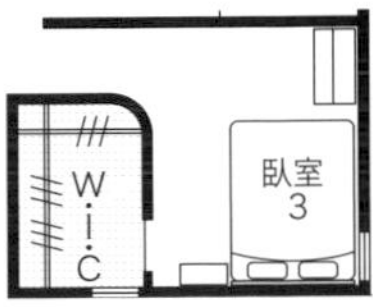

CASE
07

讓家事輕鬆的住宅
10選

藉由樓中樓設計所誕生的「連繫家人感情的房子」做家事也沒有孤獨感，生活愉快！

「希望能有更多跟家人共處的時間」而轉換職業跑道開始務農的T家。蓋在郊外的新家，結合了「在開放空間裡處理家務的同時，也能跟家人相處」、以及「彼此之間保持適當的距離感」後，所完成的設計規劃。

Name. T家　Area. 京都府

回到女主人的故鄉，T氏夫婦目前從事的是栽種花卉及香料幼苗的農業工作。有著許多嗜好如釣魚及音樂等等的男主人，以及熱愛花草和室內設計的女主人，加上手足感情融洽的兩兄妹共四人的家庭。

●**職業形態**
夫／自營業　妻／自營業

●**家事分擔率**
夫／20%　妻／80%

●**每天處理家務的事間**
夫／平日約10分鐘、假日約30分鐘
妻／平日約180分鐘、假日約300分鐘

起居餐廚空間呈L型，兩面朝向露台，明亮又通風。開放式廚房裡選用的磁磚，是屋主在品味風格上的小堅持。

由於之前的工作上班時間太長，在「希望能跟家人有更多相處時間」的想法下而選擇轉行務農的T家，所蓋的新房也希望有「讓家人連繫在一起」的規劃。面朝露台的起居餐廚空間，良好的採光、通風搭配實木地板，舒適自在的感覺讓家人自然而然地聚集在這裡。開放式廚房讓家人能保持互動，沒有被隔絕的感受。

此外，也有可以保持適當距離感的樓中樓。利用樓層落差在室內區隔出不同空間，卻又能保持整體感。「孩子們想稍微自己靜一靜的時候，就會待在樓中樓的小閣樓裡。如果真的吵架，就會跑去二樓了（笑）。」

利用樓中樓的下層位置，在大門玄關側面設置了男主人的愛好室，可以收納釣魚用具或戶外用品。雖然面積不大，能集中管理，但這個區或和起居餐廚空間仍有一個小窗，隨時都能知道裡面的狀況。

為了讓屋主從農場回家後，有個地方能放置沾滿泥土的工具或衣物，在廚房旁的側門刻意把出入空間加大，並加裝置物架。從廚房的側門進來後可以直通盥洗室及浴室，如此縝密的思考規劃，才能造就如今生活方式順暢無礙的新家。

如同屋主的希望，想要一個「愈住愈有風格的家」，T家的魅力逐漸與日俱增。

利用樓中樓
打造容易看見的
兒童遊戲區

↑小閣樓有一部分靠牆，再利用鐵製的扶手和一樓作出連結。發揮建材的特色創造出簡潔的空間，將來也能規劃成適合大人的休憩場所。→上到二樓，會看見訂製的CD架。以建材作為背板的設計，也能當作書櫃。

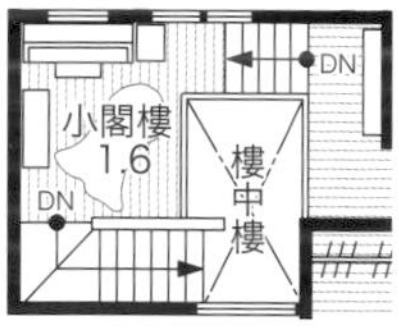

【我家的輕鬆家務】
排行榜
第1名
育兒

從樓中樓衍生出來的小閣樓成為孩子們的遊戲場所客廳也能保持乾淨

把樓梯轉折處變成小閣樓的樓中樓設計。「因為小閣樓成了孩子們的遊樂場，客廳就不會那麼凌亂了。從廚房也能知道孩子們的動靜，講話聲也能聽得見，真的很方便。」像是秘密基地般的空間也深得孩子們的喜愛。此外，考量到大人務農工作結束回家後的狀態，所以把盥洗室安排位在靠近側門的地方，「孩子們在外面玩得髒兮兮後回家，可以直接走去洗手或洗澡」，對於育兒生活也很有幫助。

水泥砂漿塗層＋
實驗室水槽的洗臉台
輕鬆使用無負擔

塗上了水泥砂漿的洗臉台，嵌入實驗室風格的水槽，即使要洗刷鞋子也毫無問題。距離側門很近也是一個方便的優點。

【 我家的輕鬆家務 】
排行榜
第 2 名

烹飪

混搭系統廚房及訂製家具作菜和收拾都輕而易舉

廚房的流理台或櫥櫃等較雜亂的部分，被巧妙地隱藏了起來的同時，屋子的規劃又讓餐廳成為家人們得以對話交流的場所。功能性強的系統廚房搭配實用的訂作櫥櫃，無論設計感或方便度都令人滿意。「冰箱、碗櫥、垃圾筒等家具並排置放於系統廚具的側背面，在廚房工作變得很有效率。」從側門進來後沿著走廊即可進入廚房，採買回家後的動線也很順暢。

尺寸及造型都有所堅持的開放式流理台

訂作的流理台毫無壓迫感，高度又剛好能隱藏手邊的雜物。在起居餐廳這一側的吧台有著小格的抽屜，不但收納零散小物相當實用，又兼具設計感。

大型抽屜便於收納使用的材質充滿品味

以白橡木製作的櫥櫃，有著大型抽屜非常方便。刻意不作加工的表面，配上風味十足的黑鐵把手，時髦又有品味。

可供家人聚集的寬廣地板選用容易清理的塑膠材質

來自露台的充足光線及流動的空氣，使廚房相當舒適。有著足夠的寬敞度，孩子們一起幫忙也不擁擠，地板則是可以輕鬆擦拭的塑膠地板。

【 我家的輕鬆家務 】
排行榜
第 3 名
收拾

側門口設置工具室及愛好室也有收納的置物功能

在靠近農地的方向裝設側門，門口脫鞋處相當寬敞，可以脫掉弄髒的衣服、暫放道具或工具。這裡同時設有許多置物架，所以也可當成工具間。家庭成員也多從這個門口進出，所以大門玄關能常保清潔不凌亂。此外，玄關特設的收納空間也是男主人的愛好室，釣魚用具等眾多物品都集中收放於此。戶外用品也收納在這裡，外出時方便拿取。

側門口裝有外套衣架及移動式置物架

鐵棒製成的外套衣架，是孩子們也可以掛到的高度。移動式置物架上放有戶外遊戲用的玩具或外出用品。

【 我家的輕鬆家務 】
排行榜
第 4 名
打掃

盡量不在地板上放置物品

「心中常保簡單生活的原則，盡量不在地板上放置東西，所以打掃很快就能完成。」孩子們的玩具收在小閣樓、男主人的用品放在愛好室，確保每個東西都有固定的收納位置，就能防止客餐廳凌亂且易於打掃。原木地板就算有擦痕也別具風味，因此不用特別小心照顧也是很棒的一點。

原木地板輕鬆打掃即可

以橡木刷上天然塗料製成的原木地板，隨著使用時間會增加顏色及光澤。平時打掃使用吸塵器及抹布，一年打一次蠟即可。

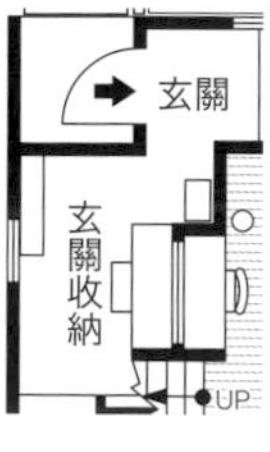

被愛用的物品包圍能好好沉浸於愛好之中的空間

結構外露的低天花板、水泥地板，和擺放在裡面的工具十分搭調，這裡是男主人的愛好室（玄關收納）。吊掛在天花板或牆上的收納方式很有效率。

Other Space

1F　露台

露台對面就是T氏夫妻的溫室，實現了工作與生活結合在一起的想法。

1F
入口

以紅雪松製作的鞋櫃，溫暖的色調及紋理是最大的魅力。室內門為選用原木材質配上鐵器及壓模成型的玻璃來訂作。

1F　書桌區

以木板裝飾牆面，洋溢著山上小木屋氣息，在這個區域能夠很專注地使用電腦工作。從鐵框圍成的狹縫窗戶也能看見男主人的愛好室。

外觀　外牆是以火山灰白砂為原料的「SOTON牆面」，少部分鋪以杉木板。以天然材質為簡潔的外觀增添風味。

1F　廁所

牆壁及天花板都貼上灰藍色壁紙。和架子及小飾品的原木色相當搭配，有沉穩的感覺。洗手台的形狀簡單洗練，也有懷舊氣氛。

PLAN

設計師的想法～T家的輕鬆家務point～

我們依據T家「希望能過著這樣的生活」的意見為藍本，規劃出房子的設計，以廚房為中心思考使家事更輕鬆的可能性。藉由從廚房到起居餐廳和浴室這兩個方向的動線，省去了不必要的來回移動。側門不僅只是單純的出入口，也是保持大門玄關整齊的好幫手。因為空間夠寬敞，全家人的鞋都能擺在這裡。雖然玄關稍微偏小，但因鞋櫃是量身訂作，使這個空間充滿了設計感。

Data

家庭結構……… 夫婦+2位孩童
房屋面積……… 167.15㎡(50.56坪)
建築面積……… 89.40㎡(27.04坪)
佔地面積……… 132.65㎡(40.13坪)
1F82.40㎡+M2F・2F50.25㎡
結構・工法…… 木造2層樓(軸組工法)
工期…………… 2014年7月至12月
主體工程費…… 2760萬日幣(包含原創家具工程費)
3.3㎡單價 …… 約69萬日幣
設計・施工…… Atelier Yihaus
☎075-382-6990　www.yihaus.com

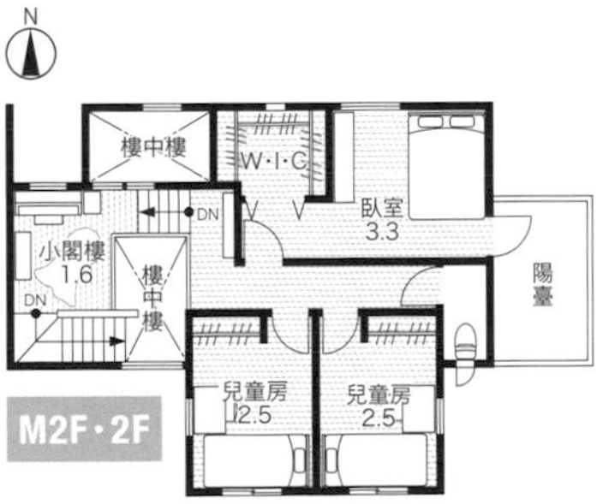

讓家務更輕鬆

建議的設備機器 by T家

洗碗機…不太喜歡處裡料理後的收拾工作，洗碗機真的幫了大忙。不止碗盤，連鍋子或烹調器具都能清洗，真的很方便。

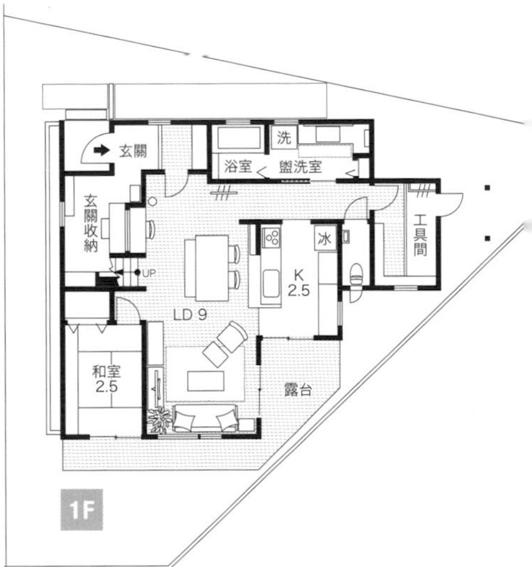

CASE
08

短動線＋土間風格的客廳
無論做家事或育兒都輕鬆愜意

小巧的空間搭配簡單的隔間，
在阿知波家，無論做家事的動線或是家人之間的溝通都順暢無礙。
小朋友們也自然而然地一起參與家事。

Name. 阿知波家　Area. 三重縣

男主人喜歡動手DIY，連木柴棚都是自己搭建；女主人則喜歡逛咖啡館，是擁有兩個男孩的四人家庭。不太做家事的男主人，今後期望朝向5%的分擔率前進！

●職業形態
夫／全職　妻／兼職

●家事分擔率
夫／3%　妻／97%

●每天處理家務的事間
夫／平日0分鐘、假日約60分鐘　妻／平日約180分鐘、假日約180分鐘

這是女主人滿心期望、明亮又開放的餐廚空間。杉木打造的實木地板「夏天涼爽，冬天溫暖，甚至連襪子都不用穿」。

孩子們開始上幼稚園時，阿知波夫婦決定蓋自己的房子。在建設公司「LIVING Design Büro」裡選中的是一見鍾情的「使用天然建材、帶有國外氣氛的設計。絕無僅有的特色！」建案。「以前的住家廚房是獨立隔間，作菜的時候相當孤單，所以我希望無論如何都能跟家人在一起。」為了滿足女主人這樣的期待，新居的安排減少了隔間，以開放格局讓女主人從廚房就能看到整個家的設計。不但能夠看見小朋友的動態而得以安心做家事，正在處理家務的時候家人也都在旁邊，所以孩子們吃完飯後也自然而然會幫忙收拾。

而按照男主人的需求，把客廳設計成土間（傳統日式玄關）風格並且和庭院直接連結，最終結果如同男主人在腦海中描繪的畫面：這個區域成為孩子們悠閒玩耍的空間。「地面材質是水泥砂漿，所以方便打掃也是優點（笑）。」

小巧的空間配上簡單的隔間規劃，讓做家事的動線得以縮短，無論打掃或整理都很輕鬆。「其實，本來只是希望盡量讓家人聚在一起，我們跟本沒有考慮到做家事的動線（笑）。但是，現在真的深刻感受到能讓家人相聚的房子，也能讓做家事及育兒變得輕鬆容易。」

土間風格的客廳
就算雨天也能安心玩耍

地面以水泥砂漿處理、有如土間般的客廳。「可以練習跳繩，下雨天也能安心玩耍，兒子們都很喜歡這裡。」

【我家的輕鬆家務】
排行榜
第 1 名
育兒

訂作的桌子
放在視線所及之處

客廳側面有一張訂作的桌子。「孩子們的書包也都放在這裡，不只溫習功課還可以為隔天上學作準備，而我可以在做家事的同時陪伴他們。」

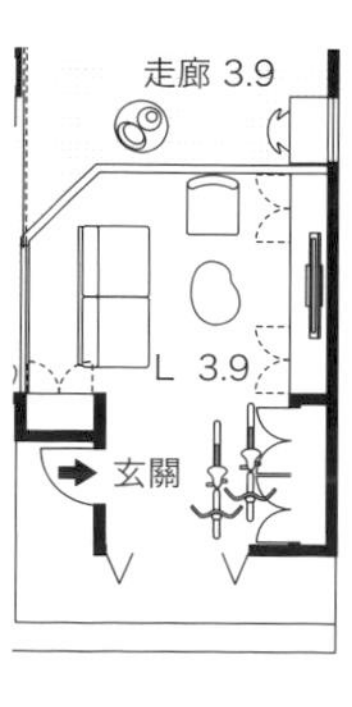

即使一邊烹飪也能看見孩子們的動靜視線極佳的優異格局規劃

「從廚房看出去不僅能看見一樓全貌，從大片的落地窗也能看到院子。孩子們無論是在家裡或外面，我都能知道他們的動靜，所以可以安心處理家務。」此外，由於使用了全開式的折疊門，只要把門整個拉開，客廳就能跟院子完整連結，孩子們的朋友來玩時也能從這裡直接進到客廳裡。「像是古早房屋的檐廊般，大家隨意靠近聊天，來玩的朋友也愈來愈多。」

【我家的輕鬆家務】
排行榜
第 **2** 名
打掃

以One-Room的感覺規劃格局 配上土間風格的地板減輕掃除壓力

由於沒有走廊也沒有玄關，整個一樓就像是一個大房間，使用吸塵器也不必反覆換插座。「不只起居餐廚空間，就連廁所和浴室都可以一次吸塵全部搞定。以前住的地方，每個房間都要進去吸塵一圈再出來，其實蠻麻煩的。雖然這算小事，但光是不用反覆拔插頭就減輕了打掃的負擔。」

髒污不太明顯 一支掃帚就能打掃乾淨

由於客廳的地板是以土間的方式處理，只需要一支掃帚就能輕鬆打掃乾淨。「現在有人寄放小狗在我們家，只要一有髒污馬上就能擦乾淨，整理起來真的很方便。」

→和院子連接的客廳，「想脫鞋子或不脫都OK。想在哪裡脫鞋也很自由（笑）」。只要把沙發背後的隔間門板拉起來，就能分成兩個房間。

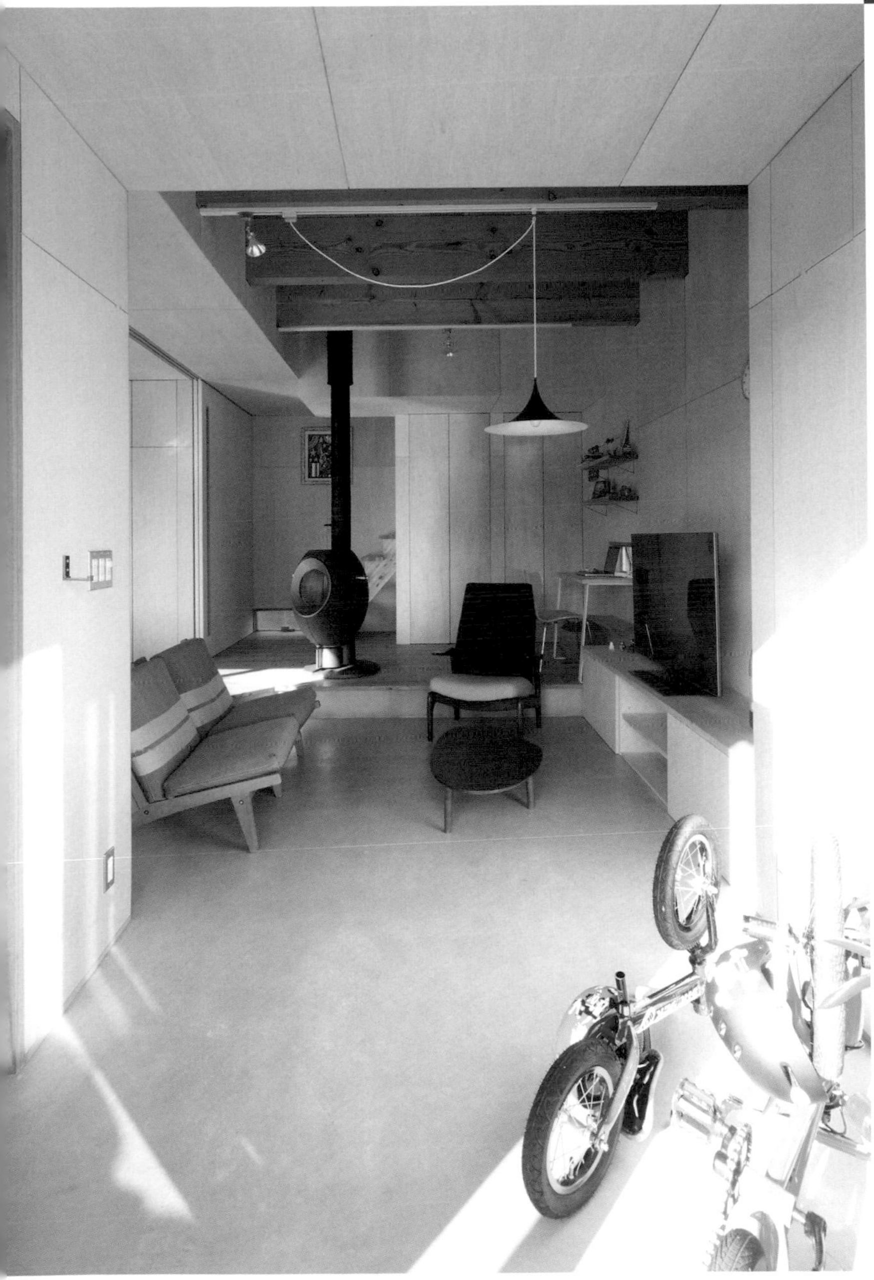

使用跟船隻底部相同的塗料 牆壁常保清潔

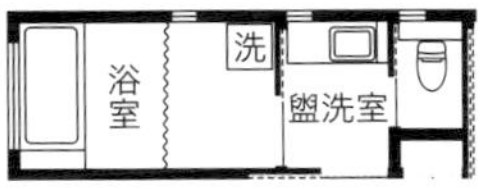

浴室的牆壁使用的是船隻底部也會用的FRP防水塗料。「完全不會髒，所以完全不用整理。隔間使用浴簾，髒污時只要更換就好。」

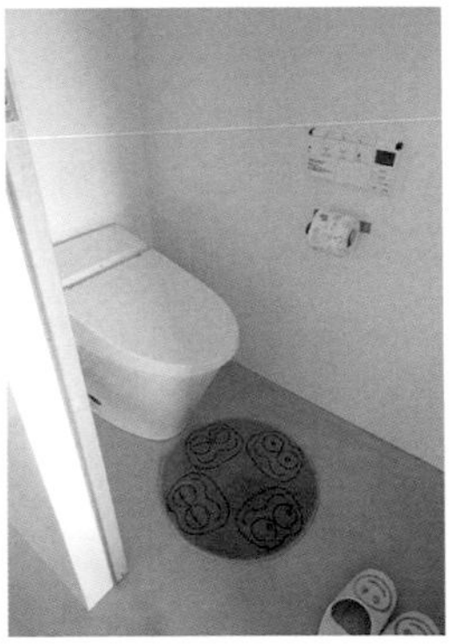

連成一體＋土間風格的地板處理，打掃輕鬆省力

（右）以白色系統一風格的簡潔廁所。從這裡到盥洗室、浴室都沒有高低落差，地面是連成一體的，打掃起來順暢無礙。（左）洗臉台是以松木訂製而成。「洗臉台底下沒有門板也沒有置物櫃，透氣性佳而且打掃方便。」

CASE
09

讓家事輕鬆的住宅
10選

半開放式的廚房
能夠感受到孩子的動靜
同時製作心愛的甜點

希望能心無旁騖地作甜點，但是一個人關在廚房又很寂寞。
於是浜田太太選擇的，是附有室內窗的半開放式廚房。
充滿了喜愛的室內裝潢風格，這裡是她最喜歡的空間。

Name. 浜田家　Area. 岡山縣

「希望能住在像糖果屋般可愛的房子裡」，浜田家的新居使用大量的天然建材。每天忙碌地過著照顧兩個兒子的育兒生活，卻也能享受最愛的甜點製作及DIY手工藝的愉悅時光。

●職業形態
夫／全職　妻／家管

●家事分擔率
夫／10%　妻／90%

●每天處理家務的事間
夫／平日0分鐘、假日約10分鐘
妻／平日約180分鐘、假日約240分鐘

以水泥牆面風格的灰泥牆，配上松木的實木地板，創造出相當有溫度的空間。廚房裡也有貼了磁磚的流理台、琺瑯材質的水槽，風格自然樸實。

【我家的輕鬆家務】
排行榜 第1名
烹飪

浜田家的新居，是占地面積約26坪的小巧住家。「本來就喜歡小而美的氣氛，無論家人或朋友都可以緊緊靠在一起嘛（笑）。打掃的時間也得以縮短，不會胡亂增添不必要的物品，反而可以過得更清爽，小小的家其實很好啊。我是這麼想的。」

關於廚房，女主人可以安心地製作她最喜歡的甜點，十分開心。因為麵粉容易四處飛散，所以希望是有牆面的設計。「但若是獨立廚房又覺得好孤單啊」，在瞭解這樣的心情之後，建設公司的提案便是在廚房內規劃室內窗戶。可以看得見客廳的同時，又能在廚房裡工作，廚房裡面的狀態卻也能有適度的隱藏。木製的窗框同時為這個空間作出點綴。

因為是訂製的廚房，所以尺寸及樣貌皆可隨個人風格製作。「需要的東西立刻能拿到手，做起事情來便能得心應手。」磁磚鋪成的流理台面以及琺瑯材質的水槽，都是在考慮了設計感及實用度後所作出的選擇。

厚塗的灰泥牆面、有著紋理的松木地板、老木頭打造的樑柱等等，在這麼一個以天然建材所打造出來的空間裡，身心都得到了放鬆。隨著季節更迭，房屋的樣貌也會有所轉變，「我會以期待的心情來培育這個家」。

兼具開放式及獨立式廚房的優點。到餐桌的動線為一直線相當方便

半開放式廚房，兼具了獨立式及開放式廚房的優點。和客廳中間加了一面隔牆，作為可以專心烹調的空間，也能夠適當隱藏料理過程中的雜亂，好處多多。而且隔牆上開了一扇室內窗，讓人站在廚房也能看見客廳的動靜。把廚房跟餐廳安排成左右併排的配置，讓上菜以及飯後收拾的動線更順暢，家人也更容易在廚房一起幫忙。「左右兩邊都能進出廚房的雙向動線設計，十分便利。」

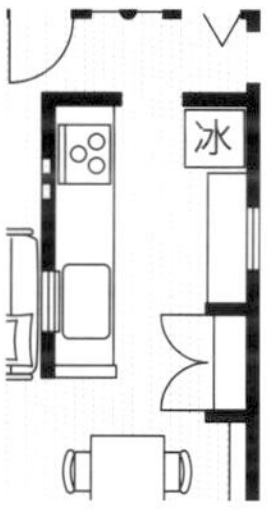

IH爐容易清潔 火力又夠強

「IH爐沒有瓦斯外漏的風險，火力也夠強。」輕輕擦式就能常保清潔，牆壁或換氣扇也沒有油污。

木製的室內窗窗框 也為屋內空間增添點綴

連接客廳及廚房的室內窗，以訂製的木質外框，為家中擺設增添了時髦的氣息。和韻味十足的灰泥材質牆面相當搭配。

設計感及實用度 都超棒的琺瑯水槽

外觀漂亮的純白琺瑯水槽，下廚或收拾時都很方便。「不容易有水垢，所以不太需要刷洗，相當省事。」

使用有濕氣調節功能的天然建材
就無須擔心屋內凝結水氣或發霉

使用灰泥或原木等材質打造的屋子，也帶有調節濕氣的功能，「窗邊不會結露水，窗簾也不會發霉。」

【 我家的輕鬆家務 】
排行榜
第 2 名
打掃

小巧的家也縮短了打掃的時間 洗手間也只設置一間

「雖然因為配合預算的緣故，蓋了較小的家，但也正因如此，打掃的時間縮短許多。」不能添購太多物品，也使打掃屋子更輕鬆。松木材質的地板，會隨著使用痕跡或髒污而增加「風味」，是很大的特色。洗手間位於一樓的角落，「省下了許多麻煩的清理工作，相當輕鬆」。

選用大片磁磚
拼接處更好清理

洗臉台使用邊長10cm、廚房流理台使用邊長5cm的正方形。「貼磁磚似乎給人接縫處容易卡髒污的印象，但選用較大片的磁磚，其實整理起來意外地容易。」

寬敞的廁所
容易打掃之外
也方便訓練孩子如廁

廁所的空間刻意設計得寬敞些，打掃起來也更行動自如。「訓練小朋友上廁所也很方便。」

【我家的輕鬆家務】
排行榜
第 **4** 名
收拾

以實木及灰泥打造、彷彿和牆面結合在一起的碗櫥。崁入圓點花樣的毛玻璃，簡潔的風格之中帶有復古的氣息。

以實用為取向所設置的收納區域 有著完美融入室內設計風格的魅力

收納櫥櫃基本上都是請專人手工訂製。配合空間的大小以及實用性量身設計，能夠整齊地收納物品之外，又能打造成喜歡的風格，和居家裝潢完美結合。此外，如果在客餐廳中有封閉式空間，不知不覺就會變成玩具堆放處。「我們家沒有死角，所以孩子們也自然而然養成收拾的習慣。」

玄關的屋頂是從三角屋頂延伸下來的斜角天花板。訂製的鞋櫃高度較低，沒有壓迫感，並在上方開了小窗讓光線透進來。

在寬敞的盥洗室裡 吊掛好衣物再移至室外 衣服的晾曬工作 順暢無礙

【我家的輕鬆家務】
排行榜
第 **3** 名
洗衣

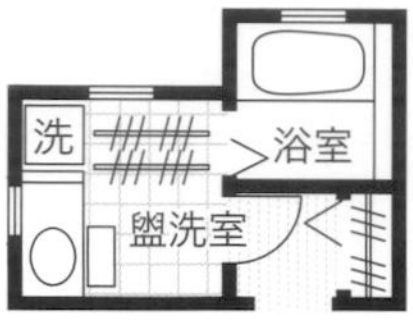

盥洗室的空間也相當寬敞，加掛了一根晾衣棒，曬衣的前置作業可以先在這裡進行。「把衣服掛上衣架後，再全部一併拿到室外晾曬即可。盛夏或寒冬時在戶外吊掛衣物的辛苦差事已經不復存在了。」浴室內的烘乾機則在雨天、花粉季節、潮濕難以乾燥時派上用場。盥洗室的正前方是男主人的衣櫃，在這裡就能直接更衣。「脫下來的衣物直接就能放到洗衣機裡，我就不需要到處撿他四散的衣物了（笑）。」

選用不會破壞氣氛的曬衣工具

風格自然舒服的盥洗室。曬衣工具選擇只有使用的時候才掛出來、用完後便可取下收納的可拆式工具。

2F 兒童房
←兒童房的布置簡單即可。使用牆壁貼紙、三角旗幟、紙球掛飾裝飾得很可愛。

2F 臥室
→有著傾斜屋頂的臥室，以天窗來納入更多的光源，相當舒適。以鐵製吊燈裝飾，洋溢著山中小木屋的氣氛。

1F 餐廳
在古木材製的樑柱下，餐廳飄逸著鄉村風情，和古董燈飾或雜貨都相當對味。訂製的碗櫥能更有效利用空間。

外觀 灰泥材質外牆配上素燒瓦片，還有三角型的屋頂、木板門、天窗等等，無論是建材或風格都實現屋主夢想中的家。

1F 門口
玄關大門正上方的古木材，使門口更有風味。玄關地板使用紅陶地磚，進入屋內的落差邊緣採圓弧角度，有著溫潤的感覺。

設計師的想法～浜田家的輕鬆家務point～

雖然有很多建案都要求開放式廚房，不過浜田家女主人希望能夠專心地下廚，因此我們安排了牆面；在牆上加裝室內窗，這樣也能同時觀察孩子們的動靜。在有限的土地面積上，為了不讓房子感覺狹窄，規劃上便省去了走廊。站在廚房便能注意到全家人的動靜、隨時隨地都能看見喜好的裝置擺飾，為了達成這點我們花了許多心思安排房間的位置。在盥洗室裡能洗衣服也能晾曬衣物，因此空間刻意寬敞一些，讓人待在這裡也感受到舒服自在的區域。

家庭結構……… 夫婦+2位孩童
房屋面積……… 172.00㎡(52.03坪)
建築面積……… 49.38㎡(14.94坪)
佔地面積……… 86.29㎡(26.10坪)
1F47.58㎡+2F38.71㎡
結構・工法…… 木造2層樓(Framing工法)
工期…………… 2011年12月至2012年5月
設計・施工…… ㈱Sala's
☎086-250-3800
www.sala-s.jp

讓家務更輕鬆

建議的設備機器 by 浜田家

「KOHLER」水槽、「GROHE」水龍頭…二者皆有可愛的外型。耐用度佳、線條簡單，不容易卡髒污，方便整理。

內建式濾水器…以前都會買大量的礦泉水，現在已經完全不需要花時間與力氣了。內建式使廚房看起來也很清爽。

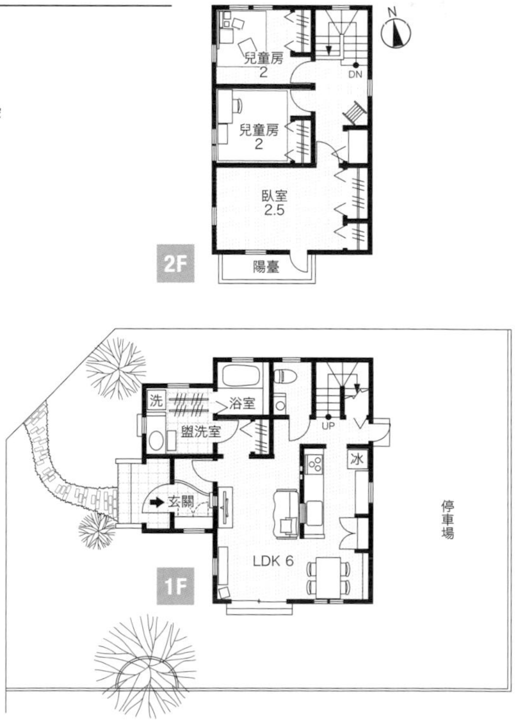

CASE

10

讓家事輕鬆的住宅
10選

以「想在哪裡處理什麼家事呢？」為原點打造一間住起來輕鬆不費力的家

確實依照「做家事的人」需求所規劃的建築構想，是Y家成功打造新居的秘訣。在動線及收納安排上，處處可見不經意的巧思。

女主人表示「能從這裡看到整個客餐廳，很棒」。廚房流理台和水槽的材質都是人造大理石，最大的優點就是容易清理。

Name. Y家　Area. 神奈川縣

夫妻兩人＋長女的三人家庭。「新家是在產後到育嬰假的三年之間蓋的。當時抱著才一歲的孩子，深刻感受到選擇離家較近的建設公司真是選對了！」

●職業形態
夫／全職　妻／全職

●家事分擔率
夫／10%　妻／90%

●每天處理家務的事間
夫／平日約15分鐘、假日約30分鐘
妻／平日約80分鐘、假日約150分鐘

餐廳洋溢著自然的氣息。牆上懸掛的購物袋，用於收納孩子的零碎物品。比起放在地板上，掛起來更容易拿取收放，也便於打掃。

Y家夫妻倆皆為全職上班族，開始自建住宅時，剛好也是第一個孩子出生、為育兒生活而忙碌不已的時期。話雖如此，Y家還是對自然風格的室內裝潢有一定的堅持與要求。為了能兼顧喜好的風格以及居住的品質，選擇了較有彈性的房屋建商合作。

「希望要有親友來過夜時的客房、進了家門之後立刻有洗手的地方等等，這些要求都確實地納入了設計圖內。而在這一切的過程中，我們最堅持的就是做家事的便利程度。在晾曬衣物的二樓要有放洗衣機的位置、廁所和盥洗室要在同一個地方，對於節省做家事的體力以及育兒生活都相當有幫助。」

而提出以上這些需求的幾乎都是女主人。「就連先生覺得麻煩的家務，我也希望能以輕鬆的心情仔細地處理好。所以與其勉強要彼此分擔家事，做得比較好的人以自己的方式不費力地完成，我覺得是對整個家都好的作法。」

也由於負責家事者的意見有被徹底地反應在設計圖裡，屋主夫妻表示入住新家後的新生活十分地順利。正因為想要的生活形態相當明確，所以「做起家事得心應手的住宅」也就成功地打造出來了。

無論是待洗的或洗好的衣物
總之把搬運的距離縮至最短

洗衣區的左手邊是盥洗・更衣室。脫下來的髒衣物能夠立刻放入洗衣機裡。洗衣時需要用到的小道具也可以整齊地收納。

【 我家的輕鬆家務 】
排行榜
第1名
洗衣

省去了上下搬運清洗衣物的麻煩減輕每天家事的負擔

「晾曬衣物的陽臺在二樓，所以我們向建商要求洗衣機也要放在二樓。因此在走廊的角落打造了一個專用區域，從此不用再抱著剛洗好、還有水分又沉重的衣物上樓了。」尤其是洗毛巾或床單這類大型布製品時，更能感受到輕鬆省力的差異。收下曬乾的衣物後，經常是由男主人及小朋友整理收納。「衣櫥也在同層樓，請他們幫忙也不費力。」

從洗衣機的位置直走
就能到曬衣陽臺

二樓的兒童房。曬衣陽臺在兒童房和主臥室的外面都有，至於收納則沒有分別設在各個房間，而是共用主臥室內的衣帽間。

全家人的衣物
都統一集中收納

曬乾後整理好的衣物，同樣收納在二樓的臥室裡、入口掛有窗簾的衣帽間。裡面的設計是開放式的，可以自由地收納相當方便。

【我家的輕鬆家務】
排行榜
第 2 名
收拾

在畫設計圖的階段就已經嚴謹思考過收納的位置以及數量

「想要『輕鬆做家事』，我想關鍵在於善盡收納的規劃。只要把需要用到的東西放在需要使用的地方，就能省下走到別處拿取物品的麻煩，房子也不會四散凌亂，打掃整理起來就方便許多。」Y家在房屋設計的階段，就已經深思熟慮好「在何處放多少數量的什麼東西」。尤其以盥洗室的收納規劃最為成功。「安排了許多抽屜，從內衣到毛巾都能收放得整整齊齊。」而木製的洗手台台面也讓屋主十分滿意。

聰明靈活地運用市面上已有的成品做成抽屜拿取方便又能清楚知道收納的物品內容

洗手台的設計是以「IKEA」的收納盒為主，再請木工師傅配合打造出架子。沒有門板的開放式設計，連地板都能輕鬆打掃。

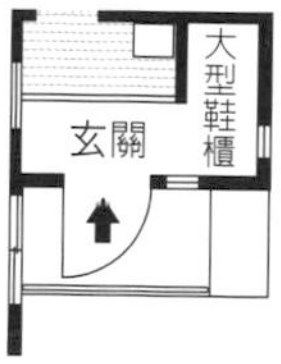

自由地使用大型鞋櫃隨心所欲收納

玄關的脫鞋處旁所延伸出來的，是大型的鞋櫃。裡面沒有細部分隔，能夠隨心所欲地置放東西。入口處的拱門設計相當可愛。

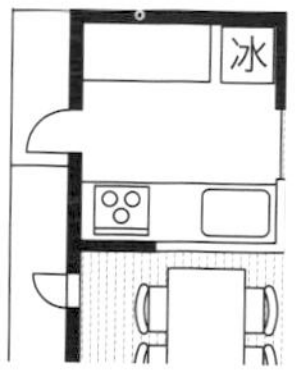

利用廚房設在一樓的優點加開一道廚房側門

廚房的後背收納採用「IKEA」的系統櫥櫃。多開了一道廚房側門，方便丟垃圾。廚房的良好採光及通風，都讓這個空間更加舒適。

【我家的輕鬆家務】
排行榜
第 3 名
烹飪

廚房規劃及裝潢材料對輕鬆做家務貢獻良多

雙面開放式流理台＋背面置物櫃的II型廚房，「只要轉個身就能拿到需要的物品，在準備料理的時候相當順手輕鬆。洗碗機的對面就是碗櫥，洗好的碗盤不必搬動就能快速地收好，也很方便。」瓦斯爐周圍的牆面貼上紅磚，因為「就算沾到水漬或油污，也會被吸收而變得不明顯，所以可以不必擔心弄髒廚房放心作菜，不用打掃。整個很輕鬆啊（笑）。」

Profile

編輯T

委託在採訪過程中認識的房屋建商，於東京市內全新打造一幢獨棟建築。1971年次的O型水瓶座。和年長5歲的丈夫（B型雙子座）共同生活。除了洗衣是丈夫負責之外，其他全部的家務皆一手包辦。

編輯S（採訪者）

跟編輯T是同事，為本書的責任編輯。1972年次的B型獅子座。和同年的伴侶（AB型獅子座）共同居住於東京市內的大樓公寓內。

為了打造「做起家事得心應手的住宅」！

住宅&室內裝修雜誌的從業人員在打造自家時所考慮的重點

Part 1

身為多年住宅&室內裝修雜誌編輯的T，採訪過許多家庭，也有很多機會向居家設計的專家討教，當T自己在打造新家時，為了完成一間「做起家事得心應手的住宅」，在哪些部分有些什麼堅持？身為同事也是本書責任編輯的S，在此為大家進行一場徹底調查訪問！

——雖說我們是同事，好像幾乎不曾聊過跟做家事有關的話題欸？想請問T小姐喜歡跟討厭的家事是什麼呢？

T 喜歡的應該算下廚吧。我曾經上過烹飪課，而且我們夫妻倆都愛喝酒。作菜、吃飯、喝酒（笑）。討厭的家事是整理曬好的衣物。我不喜歡折衣服，可能因為我的手不巧吧。

——但是作菜時也需要把食材處理切碎，這些妳會做吧？

T 如果站著折還行，但坐著折衣服因為我身體太僵硬了，所以很累（笑）。還有，折疊洗好的衣物時，不是會一邊分類一邊整理嗎？我很不擅長分類，只要有不知該歸類到哪裡去的衣物出現時，就整個大混亂（笑）。

——T小姐的新家，更衣室和洗衣機都在二樓，晾衣服及折衣服的位置也在二樓，就連收納衣物的衣櫥也在二樓對嗎？

T 對。所以待洗的衣物絕對不會出現在一樓（肯定！）。之前曾經採訪過某個剛蓋好新房的家庭，女主人是個「最喜歡洗衣服」的人。夫妻雙方都有工作，而且家中有幼兒，為了讓喜歡的洗衣工作沒有壓力地進行，除了把浴室設計在二樓，也有著清洗脫下來的衣物、晾曬、收拾整理，全部都能在同一層樓處理的規劃。我覺得這真是個好點子。還有我曾在先生的老家看過我公公為了曬衣服，必需把洗好的衣物從一樓扛到二樓。因為太重了，連上樓梯都只能一次踏一階。我想隨著年齡增加，這種事會變得愈來愈辛苦吧。我覺得「輕鬆做家事」這點，也就等於年紀大了後，仍然能夠舒服愜意地生活吧。而在所有家事的動線之中，我最在意的或許就是洗曬衣物的路線吧。

——這麼說來，關於洗衣服這點，新家完全沒有問題囉。

T 啊，不過洗衣服是我老公在負責的就是了。

——啊～原來重點在這裡啊（笑）。

T 在我們家，洗衣服是先生的事，其他都是我的事。我老公從以前就蠻喜歡洗衣服的樣子。雖然跟輕鬆做家事好像沒什麼關聯，但我們家的曬衣陽臺有屋頂，所以晾好衣服後就可以不管它直到曬乾，也是挺不錯的。

——不會無關，這也是有助於輕鬆做家務的好點子啊！你們夫妻倆白天都有工作不在家，就算突然下大雨也不用擔心，不是很好嗎？

T 在二樓我們不常使用的書房屋頂，裝有可以穿過室內曬衣竿用的零件。不想把帶有濕氣的衣物晾在隔壁的臥室、在曬衣或收整乾燥衣物時也可以當成暫用的空間，最重要的還是梅雨季時非常有用。對了，系統浴室包含的浴室乾燥機，其實不怎麼實用耶。

——確實。我家也一樣，實在無法晾衣服的時候，就只有曬輕薄的衣物而已。

T 雖然浴室乾燥機的功能的確很強，但晚上泡完澡後、或早上沖完澡後，浴室總是很潮濕對嗎？一旦開始進行抽風、乾燥等功能，就不知道要何時才能用來烘曬洗好的衣物啊？難道只有我家才這樣嗎？

〈接續88頁〉

編輯T的新家

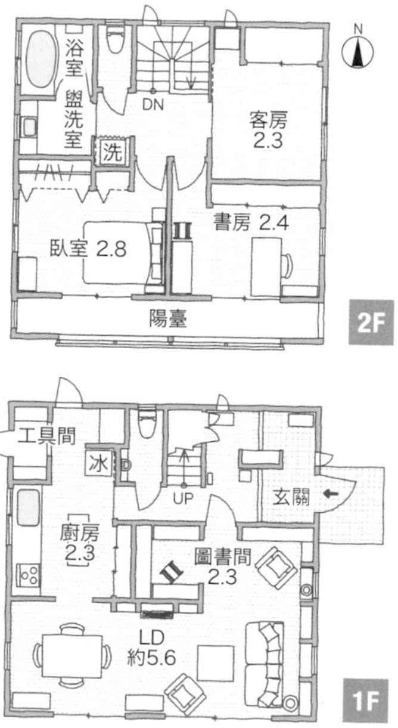

2章

Flat house

將「平房」變身成最棒的輕鬆做家事HOUSE！

能夠自然地把周圍的環境跟住家結合，和地面接近較有安全感等等，都是平房的眾多魅力之一，但更重要的是，省去了上下樓的移動，做起家事來更為輕鬆容易！我們請來選擇平房作為新家的家庭，為我們介紹平房的好處。

採訪・撰文／星野真希子（P70～75）、水谷みゆき（P76～87）
攝影／矢野信夫（P70～75）、山口幸一（P76～87） 編排／星野真希子

CASE 01

室外空間也能輕鬆納入 環狀動線讓輕鬆做家務得以實現

Name. 牧田家
Area. 静岡縣

任職於當地企業的先生幸二和太太知里，以及女兒理世組成的三人家庭。由於夫妻雙方都是全職工作，家事幾乎是一人負責一半的狀態。

Q 選擇平房的理由？

A 因為希望能夠擁有貼近大自然的生活。

我們一直都很喜歡戶外活動和下廚，所以如果要蓋自己的家，就希望能擁有「雖然在室內卻也像待在戶外、明明是在戶外卻又像是待在室內一樣」感覺的家。雖然房子是蓋在雙親贈與的茶園一角，但想像著自己舒適地和周圍的環境以及大自然合而為一的生活形態，自然而然地就選擇平房了。而且相當瞭解我們家生活模式的建築師給了同樣的建議，也是很重要的關鍵。

Q 在哪方面覺得做家事很輕鬆呢？

A 行動方便的寬敞廚房以及順暢的居家動線！

我們很常邀約朋友在戶外用餐，而廚房就在露台旁，從窗戶就能遞送冰啤酒或剛完成的菜餚給待在露台的客人，用過的餐盤也可以立刻收進來，很方便。露台跟客廳的連結也很順暢，在外面覺得天涼了，立刻可以從客廳拿取外套或毛毯等需要的衣物。最喜歡的室外活動變得更有趣了。

美麗的直線外觀。為了和大自然的開闊感融和，中間位置選擇玻璃窗的設計。交叉支撐的木椿成為房子的點綴。

Point

檢查平面圖！

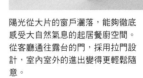

牧田家的
輕鬆家務．重點

Point 1

統整收納衣物的
衣帽間（W.I.C）
從臥室或LDK
都方便進入

Point 2

用水設備
在臥室和LDK之間
無論從哪邊過去
都很方便

Point 3

臥室旁邊的露台
曬棉被很方便
離洗衣機很近
也是優點

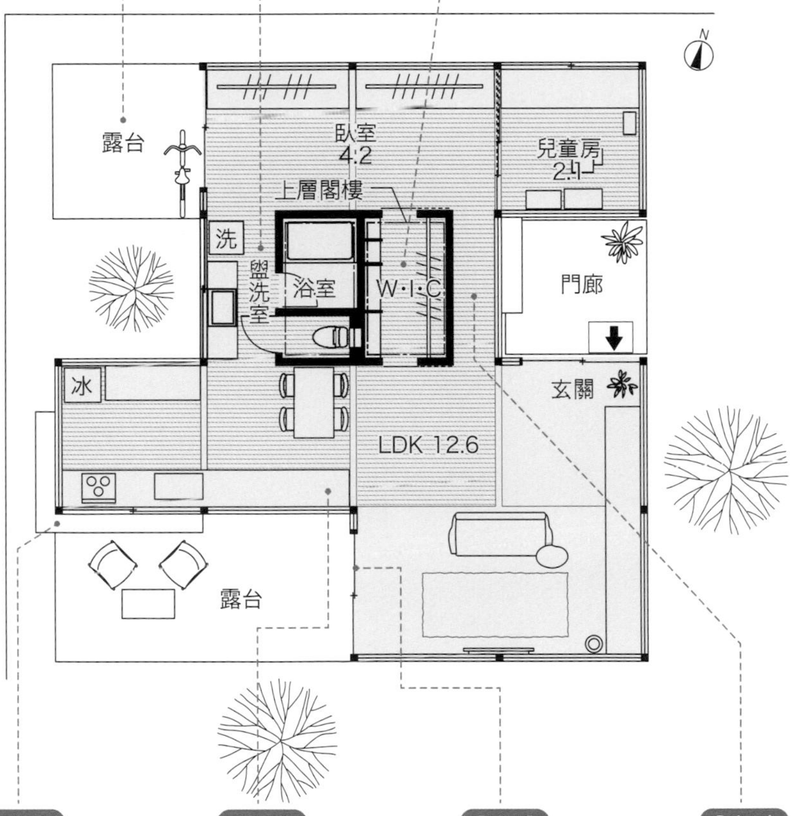

Point 4

整個家為
開放式動線
到任何地點
都很順暢

Point 5

和露台之間
都有出入口
確保通往室外的
動線無礙

Point 6

寬度夠寬
深度也夠深
下廚時相當輕鬆的
好用廚房

Point 7

從窗戶就能
傳遞或接收東西
和廚房合而為一的
室外露台

陽光從大片的窗戶灑落，能夠徹底感受大自然氣息的起居餐廚空間。從客廳通往露台的門，採用拉門設計，室內室外的進出變得更輕鬆隨意。

為了讓作菜的時候有更多的行動空間，廚房的長度增加、深度也相對加深。水槽也考慮到實用性，而選擇了大型且深度較深的款式。結果無論是食材或碗盤、平底鍋等廚房用具都能一字排開，作菜的同時也能擺盤，一氣呵成到上菜

家事輕鬆！

碗盤和廚房用具都能一字排開的寬敞廚房

切食材的時候或盛盤數量多時，可以好整以暇使用的寬敞設計。男主人幸二似乎也經常負責下廚的工作。

家事輕鬆！

把餐桌放在靠近流理台的位置下廚更有效率

在流理台旁邊就是餐桌，無論是上菜或事後的收拾都很方便。跟正在作菜的家人談話溝通也變得容易許多。

Dining & Kitchen

家事輕鬆！

強大的收納設計馬上就能拿取需要的物品

上層的開放式置物架，可以擺放庫存食物或工具；流理台下方的櫥櫃則收納了平時常用的東西。

都能快速地完成，輕鬆無負擔。

在起居餐廚空間之外，只有臥室及兒童房兩個房間，房間數量極少，整個家都能繞進繞出的一層樓住宅，使用吸塵器也特別輕鬆。雖然臥室旁邊搭有露台，但是距離放置洗衣機的走廊相當近，不用抱著洗好的衣物繞行，以最短的距離即可直達曬衣的位置，相當便利。

Q 其他還有哪些堅持的重點呢？

A 廚房裡的開放式置物架以及衣帽間、閣樓等位置收納都以大容量設計

衣服收納於衣帽間內，季節性的物品就擺放在閣樓裡。廚房裡沒有食物儲藏室，而是改設於屋頂內側的死角位置，規劃成開放式的置物架，並將流理台下方作成櫥櫃來確保收納量。而我們也確實感覺到因為無須上下樓層，在移動物品時相對輕鬆許多。

夾板牆壁或混凝土地板等等，這些建材被刻意地使用而顯露出來，正是我們喜歡的氣氛。我們想要好好品味這種不添加過多裝飾、「素淨」的風格。

Terrace

家事輕鬆!

利用窗戶和廚房連結
在露台就能直接接過菜餚

有個大大的屋簷，即使下雨天也不用擔心的露台，猶如戶外客廳相當實用。「從店裡外帶回家的食物，也常在這裡享用。」

家事輕鬆!

在家裡可以隨性地繞行
具有環狀動線功能的隔間規劃

↑從正前方的走廊進去後，就會經過兒童房、臥室、廚房，然後回到起居餐廳的配置。在餐桌的右手邊是衣帽間的入口，可以直通到底部的臥室。↓客廳的地板為混凝土材質。從玄關或露台走進來，不用拖鞋也無妨。

Entrance & Living room

Toilet

家事輕鬆！

一眼即可清點庫存
運用巧思把牆壁作為收納

在牆上鑽開數個圓形的孔，以收納捲筒衛生紙。除了一次能擺放12捲之多外，也具有裝飾功能。

Bathroom

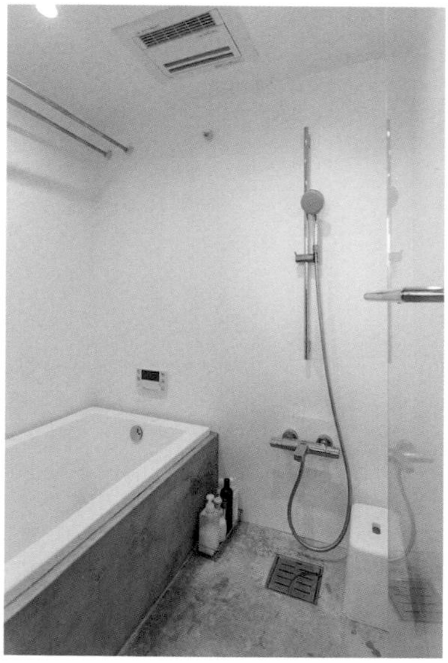

「簡單就是最好」，所以僅以混凝土及白色牆面來打造浴室。門片則採用玻璃材質，提升整體的開闊感。

Sanitary

家事輕鬆！

簡單而實用的用水設備
和臥室直接連結更加方便

前面是廚房，後面是臥室，中間正是用水設備的集中區域。廁所門板也選用夾板，彷彿牆面的一部分。

Bedroom

Terrace

家事輕鬆!

臥室旁的露台
可以隨時晾曬棉被或衣物

安排在臥室旁的露台，晴天時可以曬棉被或洗好的衣物。停放腳踏車也讓這個空間感覺更屬於私人環境。

家事輕鬆!

衣服可以吊掛在屋頂的結構架上

清爽的臥室，窗外看出去的籬笆也是一片美好風景。在屋頂加裝鋼鐵結構，衣服就可以直接掛在上面。

PLAN

來自設計師的想法

mA-style architects
川本敦史 川本まゆみ

敦史先生為1977年次，まゆみ小姐則為1975年次出生，二人皆為靜岡縣人。讓居住者和建築、環境之間完美融和，提出的建案目標為打造一個能長久居住的家。

住得舒適的家，是能夠呼應屋主的喜好及生活形態的房子。室內室外的區隔不太明確，在整個房子內外能自由地來去，住起來就像是一整個開放空間的感覺。正因為牧田家喜愛自在地享受戶外空間，我們如此的動線及隔間規劃才會被珍視。

Data

家庭結構……… 夫婦+1位孩童
房屋面積……… 297.53㎡(90.00坪)
建築面積……… 95.68㎡(28.94坪)
佔地面積……… 81.98㎡(24.80坪)
結構・工法…… 木造平屋(軸組工法)
工期…………… 2015年2月至7月
設計…………… ㈱ mA-style建築計劃
☎0548-23-0970
www.ma-style.jp
施工…………… 桑高建設
☎0547-38-1244

Porch

家事輕鬆!

附有長椅的門廊擔任敦親睦鄰重要角色

門廊是雙親或鄰居來訪時，最常使用的區域。「不必進到室內也能坐下來閒話家常，輕鬆愉快。」

CASE 02

孩子隨時都在視線範圍內而感到放心 一眼就能看見全體的ㄈ字型居家

Name. 石川家
Area. 愛知縣

夫妻二人加上兩個兒子和最年幼的女兒，總共5人的家庭。男主人為自營業，是打造家中使用家具的DIY達人。從事兼職工作的女主人則喜歡編織花編繩（Macrame）。

Q 選擇平房的理由？

A 考慮到育兒生活的方便度，以及夫妻倆老後的生活

雖然屋主夫妻皆是在平房裡長大也是關鍵原因之一，但主要還是考慮到目前的育兒生活以及年老之後的時光。

如果蓋兩層樓的住家，不容易照顧孩子們；但若選用ㄈ字型平房，只要穿過中庭（露台）望過去，從廚房就能清楚看見孩子們的動態。也因為這樣的育兒生活，再次感受到住在平房的好處。

孩子們總有一天會獨立離家，只剩夫妻倆，這時不會有二樓空間多出來的問題，也不用在兩層樓之間上上下下，考慮到將來，平房絕對是必要的。

Q 在哪方面覺得做家事很輕鬆呢？

A 連中庭在內的所有房間都連結在一起

由於房間之間都接連在一起，是如同一個大房間似的開放空間，打掃的時候真的很方便。再加上沒有樓層落差，掃地機器人相當實用（笑）。

除了臥室和衛浴之外，其他地方都沒有門，無論要去哪作什麼，都能以最短的距離完

外牆選用的經濟實惠的水泥外牆板。為了打造出有層次感的外觀，玄關周圍用的是紅雪松、房屋背面使用杉木搭配。

Point

檢查平面圖！

石川家的 輕鬆家務・重點

Point 3
廚房側面就是
食物儲藏區
沒有裝門
進出拿取都方便

Point 2
從下廚到上菜、用餐
以及事後收拾
都能順暢進行的
ㄈ字型廚房

Point 1
寬敞的走廊
在需要室內曬衣時
相當方便
實用度滿分

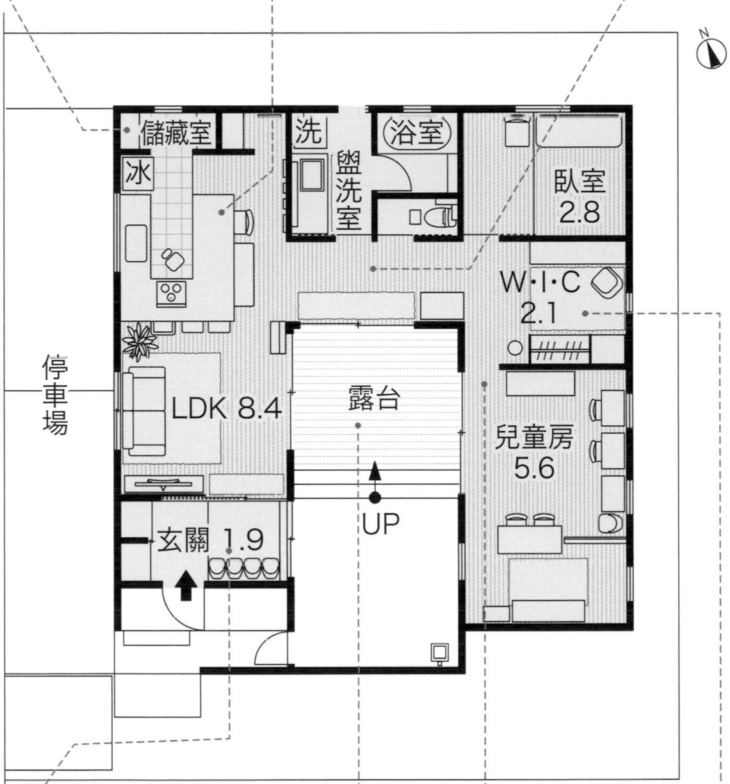

Point 7
寬敞的入口
即使人口較多
也能全家人一起
從容不迫進出

Point 6
容易觀察
孩子的動靜
帶有中庭的
ㄈ字型設計

Point 5
沒有隔牆
也不裝設門板
打掃地板時
相當輕鬆

Point 4
洗乾淨的衣物
收整好後
全部都集中
收納於家庭衣櫥

廚房的流理台兼大餐桌，是這個空間裡的重要角色。「兒子的朋友說『好像咖啡廳哦！』」牆面選用配色搶眼的藍色。

成，這點也相當方便。

此外，由於露台就在整個家的正中心位置，搬運衣物或棉被到洗衣機或臥室時，都很順暢無礙，一下子就能晾好。在白天陽光普照時，最舒服的地方就是起居餐廚空間了，不用呼喊大家自動就會向那裡集合，這點也很棒（笑）。

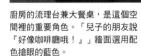

Pantry

家事輕鬆！

在必要時拿取必要的東西
廚房側面的食物儲藏間

廚房流理台底下和食物儲藏區裡，收納了許多必需品，讓站在廚房裡的移動距離可以減至最小。「雖然不大，但當初設計這個空間真是對極了！」

Dining & Kitchen

家事輕鬆！

壁面置物架的高度
拿取物品方便的高度
美觀與實用度都滿分

在適當的位置裝設置物架，需要的物品立刻就能拿取，做起家事來就更為順暢。為了跟坐在椅子上的家人，能有較為協調的視線接觸，廚房的地板下降一階。

家事輕鬆！

飛機駕駛艙般的廚房
整個家一目瞭然很安心

連兒童房都能一眼就看見，超實用的ㄈ字型廚房。流理台除了兼具餐桌，還能當作書桌使用。「一邊作菜也能一邊盯著孩子寫作業。」

Courtyard

家事輕鬆！

**沒有窗戶朝外的問題
也不需要開關窗簾**

因為裝了窗簾反而會遮擋視線，所以刻意不使用。「不必早晚開關窗簾，省事很多。」夏天則會以防水布遮陽。

Sanitary

W·I·C

家事輕鬆！

**大容量好整理
橫樑上的長桿可室內曬衣**

男主人親手DIY打造的家庭衣帽間。由於面朝中庭，所以從收整曬乾的衣物到折疊好歸位，得以一氣呵成。

家事輕鬆！

**加裝輪子的置物架
清潔地板方便許多**

洗臉台下方的置物架加裝了輪子，輕輕鬆鬆就能移動，打掃地板的時候相對省力。「洗衣機離中庭很近，從洗衣機裡取出洗好的沉重衣物，走幾步路就能曬好了。」

Q 其他還有哪些堅持的重點呢？

A 無論處理哪件家務都希望能樂在其中

ㄈ字型的廚房裡，流理台兼餐桌的設計，宛如身在咖啡廳裡，相當開心。以實用性而言，從拿取食材、洗切、上菜，都能連貫處理，真的幫了大忙。把用過的碗盤放進水槽，也只需要轉個身就可以了。

由於整個家屬於開放式設計，所以隨時想更換東西的位置都無妨，這點也很令人開心。接下來也希望隨著生活的轉變，慢慢地調整成最適合我們的風格。

因為屋頂的樑是外露的，無論是在室內晾衣，或是吊掛植物都可以利用，相當方便。無論是打掃或收拾、洗衣或下廚，都有許多讓人一邊工作、卻也能樂在其中的要素，我想，這就是打造一個做起家事得心應手的家，所需要的條件吧。

今後最大的課題會是，伴隨孩子們的成長，房間必需進行調整。如果能讓孩子們培養出責任感，可以自己主動整理，就會讓做家事變得更輕鬆呢（笑）。

Bedroom

家事輕鬆！

臥室和中庭
連接順暢
搬運棉被也很容易

「因為很靠近中庭，曬棉被很輕鬆。」臥室地面作出了層次落差，高出一階的地板下可供收納之用。收放棉被等大型物品時很實用。

Kid's room

家事輕鬆！

容易凌亂的兒童房
玩具固定收納在同一位置

玩具收放在兒童房的內側，由男主人自己作的隔牆遮擋起來。這麼一來玩具不會散落在別處，打掃起來方便許多。

美國指撥式電源開關及面板是夫妻倆自行選用的。「除了選擇不影響視覺美觀的設計外，也刻意把開關的位置降低。」

Entrance

家事輕鬆!

寬敞的土間風格玄關
不僅清潔簡單，進出也很方便

放置了二手看台椅的玄關，如同房間的一部分般自然融入。「由於沒有正式的玄關，所以刻意把土間（傳統日式玄關）作得寬敞些，進出的時候也很方便。」

Toilet

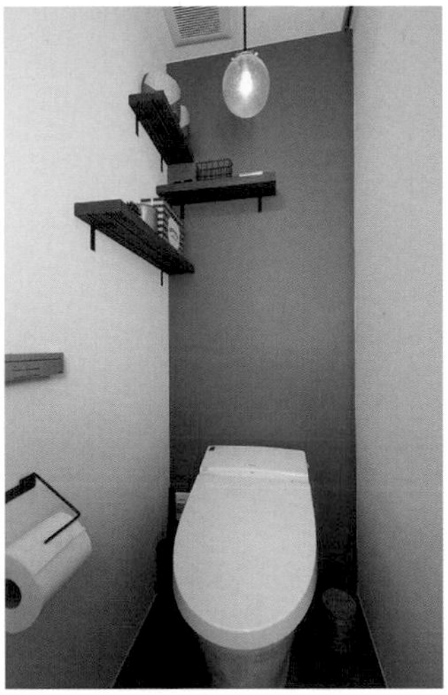

男主人為了要在廁所裡加裝架子，在建案開始時就指定好了柱子的位置。在簡單的廁所裡添加裝飾，功能性也加強了。

Bathroom

配合整間屋子的風格，捨棄淺色而改選深色塗裝並帶有木紋的系統衛浴設備。配備簡單，打掃起來也容易。

PLAN

來自設計師的想法

河井建築
前原麻未小姐

歷經過房屋建商、設計公司之後，進入河井建築就職，擔任設計及規劃的工作。「站在客人的立場，提出精良的設計方案。」

為了減輕育兒及洗衣等等的家務負擔，在屋子的中央安排了露台，讓整個家的通路更為順暢無礙。而為了緩解下廚及整理等等勞動的辛苦，把廚房設計成ㄈ字型，這樣的規劃讓同為上班族的屋主夫妻，多少能感覺做起家事輕鬆不費力。

Data

家庭結構……… 夫婦+3位孩童
房屋面積……… 226.80㎡(68.61坪)
建築面積……… 100.07㎡(30.27坪)
佔地面積……… 92.75㎡(28.06坪)
結構・工法…… 木造平屋(軸組工法)
工期…………… 2015年6月至10月
主體工程費…… 約1995萬日幣(另有外圍工程150萬日幣、設計費50萬日幣)
3.3㎡單價 …… 約71萬日幣
設計…………… ㈱ Life Lab ☎086-235-4907
www.soramado.com
規劃・施工…… ㈱河井建築 ☎0566-21-9900 0120-699-004
www.kawaikenchiku.co.jp

CASE 03

從玄關到餐廚空間、盥洗室為直線規劃 以簡潔的動線安排，減輕做家事的負擔

Name. M家

Area. 愛知縣

夫妻與兒子組成的3人家庭。因為夫妻都有全職工作，男主人也經常參與家務，除了打掃與整理家中環境，女主人假日需要上班時也會負責料理。

Q 選擇平房的理由？

A 希望擁有做家事方便 家人容易聚集的 小巧而精緻的家

由於夫妻雙方皆有正職工作，因此希望擁有的房子平坦小巧、便於處理家務，同時家人間彼此的距離也能較近。平面設計圖的規劃，是不以牆壁區隔空間，而像古早時期的日式平房採用拉門，拉起門來就是獨立房間，打開門就是一個開放的大空間。

不只是為了年老以後的生活打算，現在這個階段也覺得沒有樓梯會比較輕鬆，因此除了平房不考慮其他的建築模式。少了樓梯，每個房間的面積也得以擴大，甚至打造出一個視覺效果開放的寬闊空間。

Q 在哪方面覺得做家事很輕鬆呢？

A 動線的流暢度 以及家人之間的 良好溝通

盡力免除走廊的存在、廚房設計成環狀式，以及從廚房到廁所、盥洗室、衣帽間呈一直線配置。因為這樣的空間規劃，無論處理哪件家務都能輕鬆地移動，幫了大忙。跟當初

外觀是表面凹凸的磨砂處理牆面。「看起來漂亮又容易照顧，我們選用耐久性佳的材質。」

Point

檢查平面圖！

M家的

輕鬆家務・重點

Point 1

收納容量超足夠！進出隨心所欲的環狀動線且打通的廚房

Point 2

做家事最重要的用水設備以一直線方式配置行動更方便

Point 3

在和室及洗衣機附近裝設可拆卸的曬衣架搬運衣物的動線順暢立刻就能在室內晾好

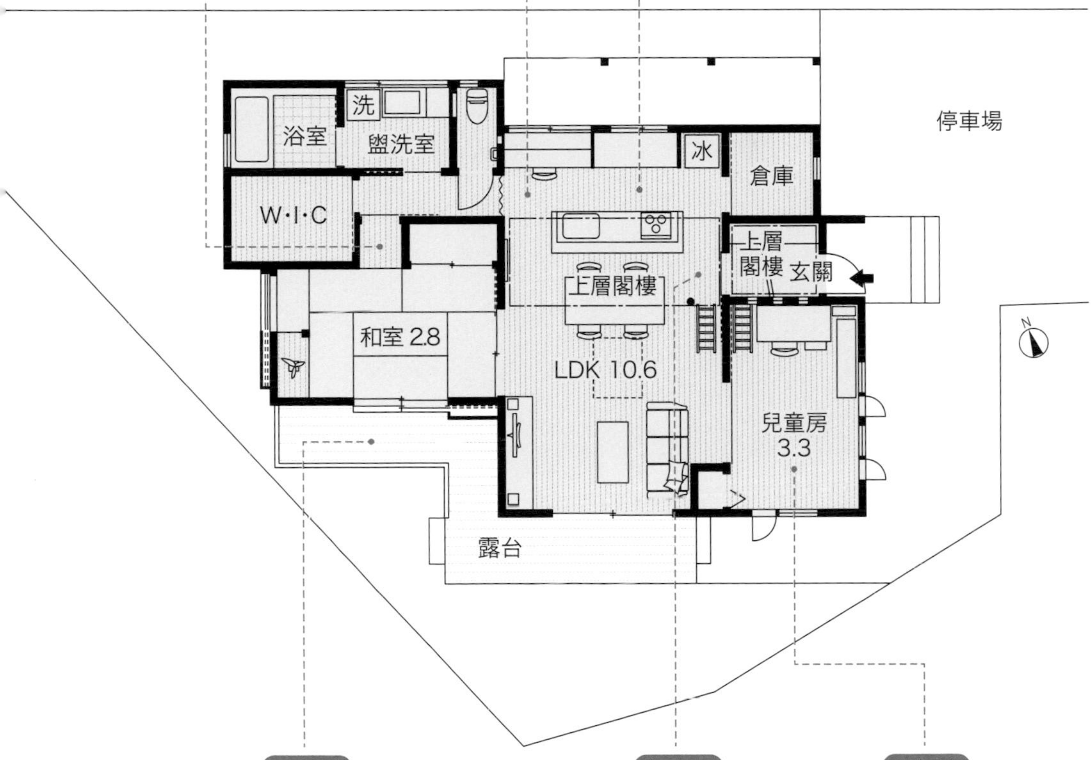

Point 4

LDK旁就是兒童房隨時能注意孩子的動態相當安心

Point 5

從玄關進來立刻就是廚房剛買回來的食材馬上就能處理

Point 6

露台沿伸至和室外可以通往屋外扶手的高度適合晾曬棉被

以起居餐廚為中心，連接和室、兒童房、盥洗室，沒有多餘的隔間或動線。廚房上方設置了閣樓，雖是平房但此一部分為兩層樓。

想像的一致，很快地就能作好想作的事，在日常生活中絲毫沒有感受到壓力。

因為是沒有隔間的平房，所以站在廚房就能從兒童房開始把整個家看得一清二楚，這個決定相當正確。在做家事時總是隨時能感受到家人就在附近，有需要的時候不用特地找

家事輕鬆！

廚房兩側皆打通
移動相當方便

打通兩側形成環狀動線、方便左右移動的廚房。「剛買回來的食材馬上就能放進冰箱裡。」

Dining & Kitchen

家事輕鬆！

毫無接縫的流理台
不卡髒污常保衛生

「沒有接縫的流理台，配上電磁爐，輕輕一擦就乾淨，打掃格外輕鬆。」流理台靠餐桌側設計得較高，把烹飪區域遮擋起來。

家事輕鬆！

只要拉出抽屜
就能輕鬆
拿取調味料

連抽屜深處的空間也能毫不浪費地徹底使用。調味料專用的抽屜為特別訂製，一目瞭然，跟開放式收納的優點有著異曲同工之處。

Living room

家事輕鬆!

電源插座的位置與訂製的家具都是為了輕鬆做家事而設想的巧思

電源插座安排在餐廚空間的牆壁位置，使用吸塵器時就不用更換插座。訂作的家具把尺寸縮到最小，打掃時也很方便。

家事輕鬆!

收納能力強大的背面式工作台廚房工作效率UP

「依使用區域收納最必要的物品，立刻就能拿出來使用。」窗戶的大小則設計成適合擺放家電的尺寸。

家事輕鬆!

處理家務期間也能同時進行其他工作的書桌區

有時在作菜的途中突然想查個資料或寫東西，廚房側邊便規劃了一個女主人專用的區域。「從窗戶望出去就能看見綠意，這個位置讓我很放鬆。」

人就可以直接傳達意思，想要有人幫忙的時候相當方便（笑）。

清潔窗戶及窗框的時候，站在外面也能輕鬆地打掃，這也只有平房才辦得到。

Q 其他還有哪些堅持的重點呢？

A 每個房間都有各自的儲物空間

以前我們住的地方是狹小的集合式住宅。跟之前比起來，現在的家收納空間多了非常多，整理東西真的輕鬆不少。

在每個房間都裝設儲物空間，對減輕家事的負擔也很有幫助。在各個房間裡需要用到的東西都在房間裡，馬上可以拿取然後收拾，也省去了尋找東西的麻煩。

不使用人造材質也是我們的堅持之一，因為平房的佔地面積小，所以節省下來的費用讓我們得以選擇較好的建材。這部分也在減輕家事負擔上有所貢獻。

例如若使用髒污特別明顯的人造素材，弄髒了就一定要馬上處理才行；但是天然材質本來就會隨著使用而增添風味，不需特別在意。真高興我們蓋了間愈住會愈有風格的家。

Toilet

家事輕鬆!

選用防止水
濺到牆上的洗手台

線條簡潔容易清理的「TOTO」馬桶。洗手台則選擇體積小、不容易把水濺到牆上的設計。

家事輕鬆!

水龍頭採用
不會浸濕底座的
壁式五金

選用死角少且好清理的「醫院專用水龍頭」。「因為是安裝在牆壁上的款式，所以底座不太會髒，也很好清理。」

Bathroom

像是剪裁了一小片風景放進室內的小窗，令人印象深刻。「考慮到年老後的生活，刻意把浴室拓寬些。」地板則選用沒有冰涼感的「LIXIL」－THERMOTILE。

Sanitary

家事輕鬆!

不想露在外面的抹布
藏起來晾乾

在洗衣機上方的置物櫃裡，加裝了一根掛抹布用的架子。抹布用完後可以藏起來晾乾。要使用的時候也只要輕輕一抽就可以了，相當方便。

Japanese-style room

家事輕鬆!

從連結露台的落地窗就能直接把衣服拿到室外晾曬

也作為臥室使用的和室，在外側加了露台，讓洗衣機到曬衣場的距離縮至最短。「如果要在室內晾衣服，也會使用這個房間，無論天氣好壞都能洗衣服，相對輕鬆。」

Kid's room

兒童房和起居餐廚空間連結在一起，不但處理家務時能一邊照顧孩子，彼此之間的互動和意見溝通也圓滑許多。

PLAN

來自設計師的想法

悠らり建築事務所
安藤亨英 安藤節子

亨英先生待過設計公司，節子小姐則任職過住宅設計、翻修公司，之後夫妻倆人一同創立了公司。擅長結合男性與女性雙方觀點所融合出的設計。

為了同是上班族的屋主夫妻，規劃出順暢的家事動線。站在廚房就能看清楚整個家，以及能把買回來的新鮮食材立刻放進冰箱，所以把廚房安排在靠近玄關的位置。從廚房通往廁所、盥洗室、倉庫，都能以一直線的方式行進，目標就是打造出一間移動距離最短又方便的家。

Data

家庭結構……… 夫婦＋1位孩童
房屋面積……… 335.72㎡（101.56坪）
建築面積……… 95.55㎡（28.90坪）
佔地面積……… 85.68㎡（25.92坪）
結構・工法…… 木造平屋（軸組工法）
工期…………… 2011年10月至2012年3月
主體工程費…… 約2150萬日幣
3.3㎡單價 …… 約83萬日幣
設計…………… 悠らり建築事務所
☎052-871-5689
https://yuraricasa.com
施工…………… ㈲藤里建築工房
☎090-2614-1184

為了打造「做起家事得心應手的住宅」！

住宅&室內裝修雜誌的從業人員在打造自家時所考慮的重點

Part 2

——接下來，想請T小姐分享關於最喜歡的烹飪舞台——廚房，在規劃空間的時候，妳考慮了哪些重點呢？

T 首先就是不考慮開放式廚房。除了希望作菜的時候能夠專心之外，還有就是像有些剛洗好的鍋子，不會立刻收起來，會暫時放在外面瀝乾不是嗎？我不希望吃飯的時候還看到這些景象，所以選擇獨立式的廚房。至於廚房的內部規劃，以前我也曾經憧憬那種貼著可愛磁磚的設計，但考量到現實的生活模式，系統廚具的清潔便利性還是優先。如果好整理就算了，但我可不想要一個「看起可愛但髒兮兮的廚房」（笑）。畢竟廚房是料理食物的地方，常保清潔是最重要的，流理台上不放任何東西，輕輕一擦就乾淨了。

——經常使用的調味料，也都是掛起來或放在架子上，而不是放在櫃子裡對嗎？

T 對，沒錯。盡量避免「把東西挪開再擦拭」的動作。我們似乎都沒聊到作菜的話題，一直在講打掃啊（笑）。我去參觀廚房樣品屋的時候，問了銷售人員關於排水口零件的問題，想知道我可以自己拆解到什麼程度。現在也是以一週兩次的頻率，把排水口整個拆開清洗。

——哇！我大概三、四個月才洗一次吧……（汗）

T 在變得太髒、自己連碰都不想碰之前，差不多就該清潔了。此外講到廚房，收納空間相當重要。在廚房的背面有收納餐具及家電用品的空間，雖然我也想使用開放式收納，直接以眼睛確認物品、方便拿取收放，不過，每天都得清理灰塵才能達到「有質感的生活」，這點我是辦不到的（笑）。所以我把收納區域從地板到天花板都安裝了門板，想關上就關上，想檢查的時候就打開檢查。然後因為我先生的老家在岩手縣，東日本大地震時，老家碗櫥裡的碗盤全都掉到地上了。摔破了事小，但我不希望踩碎片到而受傷，所以也有為了地震發生時，避免碗盤摔落而裝上門板的理由在。

——和以前舊家的廚房相比，以做家事而言，現在改善了相當多不是嗎？

T 以前舊家的廚房讓我最不滿意的地方，就是沒有空間讓我暫放東西。烹飪到一半的鍋子、裝有半成品需要先放涼的大碗等等，都找不到暫放的位置，我有時候只好先放在垃圾桶的蓋子上（笑）。蓋了新家，我無論如何都要規劃出這樣的位置，所以在廚具和背後的收納櫃之間，保留了一個空間，以能放置順手又方便的中島。

——那是妳先生還沒結婚的時候，跟前女友一起買的中島對吧。

T 對，沒錯……喂，妳扯哪去啦（笑）。我自己的娘家，廚房和餐廳在同一個位置，是那種老式的隔間方法。下廚的空間實在不夠，最後只好把餐桌拿來當成流理台用，這麼一來餐桌也漸漸有損傷了。我很喜歡規劃室內裝潢，家具希望能長長久久地使用，也因為這個理由，最後決定選擇獨立式的廚房。餐廳就在廚房的旁邊，上菜也不麻煩，生活起來很舒適。

〈接續108頁〉

3 章

Renovation

重新整修獨棟建築以實現「做家事得心應手的住宅」

近年將老屋重新翻修也相當受歡迎。

為了改善既有的不便與不滿意之處，整修專家絞盡腦汁所規劃出來的設計方案，也會有許多適合想蓋新家的人值得參考的點子。

當然，在預算及位置條件考量下，想要擁有自己的家，選擇整修重建獨棟房屋也是一個可行的方法。

採訪・撰文／水谷みゆき（P90～101）、佐々木由紀（P102～107）
攝影／山口幸一（P90～101）、松井ヒロシ（P102～107）　編排／星野真希子

CASE 01

連維護的容易度都一併納入考量 打造一個全家人都能愜意居住的家

Name. O家

Area. 愛知縣

男主人為上班族，女主人則在家工作，再加上一對5歲的雙胞胎女兒，總共四人家庭。經常招待朋友來家裡，寬敞的廚房相當實用。沖咖啡則是男主人的工作。

Before

希望的事 擔心的事

O家

因為安裝了大型系統廚具整個廚房和餐廳的空間顯得狹小收納空間似乎也不足

為了讓全家人可以一起參與下廚所以希望流理台上不要放東西保有寬敞的使用空間

唯有洗臉台設置在廚房旁邊感覺很不方便

夢想中有走廊的房子希望把走廊的空間變成像畫廊一樣

女主人

男主人

After

設計師所思考的重點

把隔壁房間也規劃成廚房區打造一個寬敞的餐廚空間隔壁房間直接變成倉庫使用

以每一樣東西都有固定位置的想法來規劃收納空間保持清爽的流理台

把洗臉台和脫衣室結合與洗衣機一起設置在樓梯下規劃出好用的盥洗室

將走廊空間打造成嚮往的畫廊風格玄關的收納則選用訂作家具

Anest One 設計師 草野祐也

Point
可以一邊處理家務
一邊照顧孩子

LDK規劃成長方形，從廚房能看見整個空間。即使正在下廚也能和孩子們交流，相當安心。

考慮到問題點是容易改善的所以選擇了整修

「比起以同樣的預算蓋新房，寧可把錢花在室內裝修上，所以選擇了整修舊屋。可以重新檢視日常生活之中不便處並加以改善，覺得最終的規劃會是更為加分的。」

O家夫妻買下了屋齡19年的獨棟房屋，2年前重新打造成屬於自己的理想住家。在此之前所居住的是，起居餐廚空間全部都在一起的小公寓，隨著孩子的成長愈顯狹窄。想要一個讓全家人都能有足夠空間的生活環境，因此找上了以前曾在網站上看過的「Anest One」公司。

「希望從走廊就能透過室內玻璃窗，看見起居餐廚空間，也想把走廊本身變成像畫廊一樣！」如此找到的中古屋，所具備的隔間可以達到心目中理想房屋的需求。雖然似乎已經裝修完畢了，因為安裝了大型系統廚具的關係，總感覺餐廳和廚房的空間不夠寬敞。

「先生泡著咖啡，我和孩子們一起下廚……希望有足夠空間讓全家人一起待在廚房裡，每天的日常家務也能愉快地進行。」

Point
功能性強且容易整理的「MORTEX」

流理台選擇「MORTEX」材質。「質地為水泥砂漿，但不容易有裂痕且高防水性，使用起來不需要小心翼翼。」

起居餐廳的地板使用楢木材質，而容易髒污的廚房地板則選擇磁磚。清潔劑類統一收放在木槽內，台面清爽。

Point
家電俐落地收納。抽屜式使用起來也很方便。

Point
濕了輕輕一擦即可的磁磚地板

Dining & Kitchen

Point
很好清理的「YAMAZEN」排油煙機

Point
即使沾到油污也很容易擦拭兼具質感及風格的「MORTEX」牆面

「排油煙機平常只要擦拭外殼即可，吸力很強，不會讓周遭沾染上油煙。」為了防止油煙在室內擴散，也將瓦斯爐設置在靠牆處。

Point
把牆面的位置後推降低拓寬下廚的空間

為了讓男主人可以沖咖啡、孩子們可以一起在廚房幫忙，把牆面向後推並且降低一些，下廚的空間就更寬敞了。

清爽的收納設計以及容易整理照顧的材質是讓家事變輕鬆的秘訣

為了增加廚房的工作空間，設計師草野先生所提出的規劃是把牆面降低、將隔壁房間的空間容納進來，並把家電置放在流理台下方。「這麼一來保有了流暢的動線以及寬敞的流理台。廚房可以從三個方向使用，即使背後有人也不嫌擁擠，夫妻倆得以一起下廚。流理台上方沒有東西，打掃起來也很輕鬆（笑）。」

在廚房深處的房間可作為倉庫利用之外，也在這個房間和廚房之間的牆面上加裝了室內窗。「加了這一扇窗，除了多點變化之外，也增加了開闊的感覺，似乎比實際空間更大了些。而且窗框也可以擺些小東西，相當方便。」

髒污輕輕一擦就乾淨的磁磚地板，還有照顧起來相當輕鬆的「MORTEX」材質、髒了再一併處理就能恢復清潔外觀的灰泥牆面等等，選擇素材的時候都是以日後照料起來的方便度為考量。也由於幾乎沒有壓力，反而漸漸養成打掃的習慣。「要能順利兼顧工作、育兒和家事，每天簡單的打掃是必要的。我也覺得這些關鍵和輕鬆家務是密不可分的。」

Storage room

倉庫除了儲存食品物外，也是收放孩子們玩具的地方。牆上有小窗，能直接跟廚房溝通。

Point
使用目的
相當有彈性的
超實用收納空間

以前舊家使用的「TRUCK」沙發現在放在這裡，所以也可以當成休憩用的房間。正面為和浴室之間的室內窗。

Point
方便打掃的
壁掛式訂製家具

Living room

「灰泥打造的牆面，若隨著日常生活變髒了，在我們家是以清水擦拭，再以銼刀磨過後就很乾淨了。」訂作的電視櫃沒有腳架，打掃的時候很方便。

Point
衛浴空間的置物櫃
讓洗澡的準備更為簡單

洗衣機的位置在左手邊的樓梯下方，所以盥洗室的空間寬敞許多。裝設了新的置物架，利用籃子收納家人的內衣及睡衣。

Point
節省許多清潔工夫的
壁式金屬水龍頭

Point
不易堆積水垢的
大型深底
實驗室用水槽

「洗大件物品也很方便」的「TOTO」實驗室水槽。水龍頭選用壁式出水，不必煩惱底部積水或水垢問題。

Bathroom

Point
採用方便照顧的
地板材質
所打造的系統衛浴

系統衛浴設備選用「TOTO」的「SAZANA」系列。「『Hokkarari』地板很快就乾燥了，也不容易滋生霉菌，真的很省事。」

Point
毛巾架
也可以用於吊掛
幼稚園的物品

大型毛巾架，小朋友的幼稚園用品也可以勾子掛在上面。「在刷牙時就可以一邊準備上學用品，早晨再也不慌亂了！」

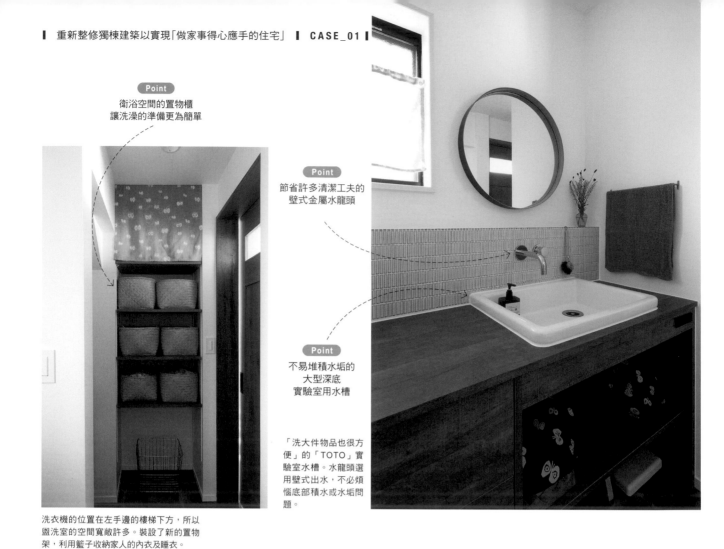

Point
孩子們也可以
輕鬆拿取的
開放式收納

兒童房的衣櫥設計成開放式，門簾則是女主人以「3 min.」的印花布親手製作的。

Data

家庭結構……… 夫婦+2位孩童
屋齡……………… 19年
房屋面積……… 120.76㎡(36.53坪)
建築面積……… 59.62㎡(18.04坪)
佔地面積……… 113.44㎡(34.32坪)
1F58.79㎡+2F54.65㎡
工期……………… 2016年7至10月
翻修設計&施工… Anest One
☎052-777-2441
www.anestone.com

Voice

住進來後的感想! by O家

擁有了寬敞的廚房和倉庫這些非常渴望的空間，在心情上也覺得做起家事來更順暢自在了。和孩子們能一起渡過悠閒的時光，就連先生下班後回家時間也提早了（笑）。

Entrance

Point
玄關的迷你收納區
雨傘和掃帚都方便拿取

→「想要一個從走廊就能看到客廳的室內窗。房子裡的玄關一定要跟走廊連接才行。」↑脫鞋處的角落騰出了一個小收納區。「掃帚輕鬆就能拿取，隨時都能打掃一下。」

CASE 02

充滿各種變化可能的開放式格局 照顧孩子的同時也能專心做家事

Name. 町上家
Area. 愛知縣

因為跨國合作的工作而相識，曾經在印度居住生活過的町上夫妻。如今和女兒及兩個兒子組成一個熱鬧的家庭，即將迎接第四個寶寶的降臨。

Before

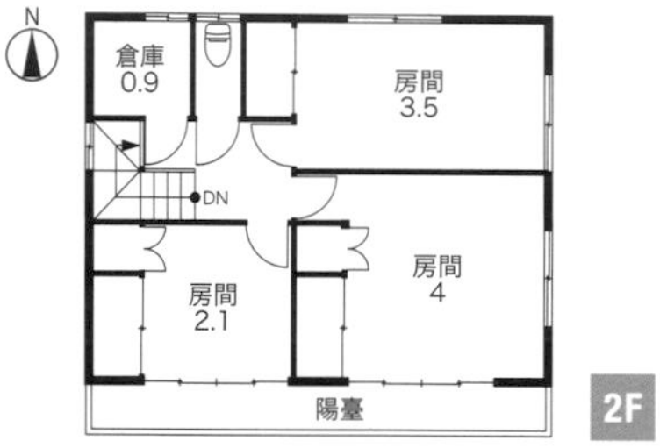

After

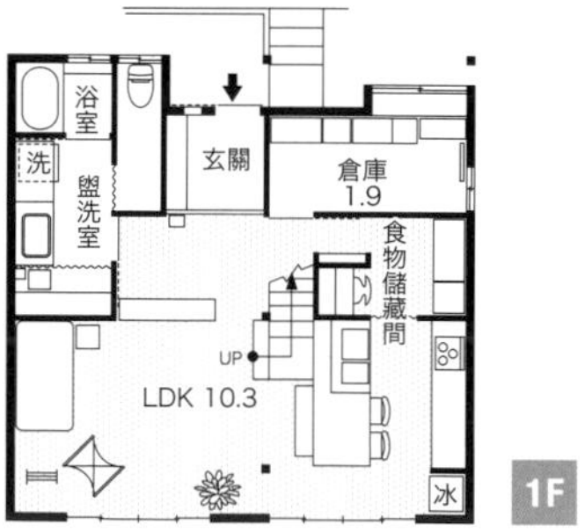

町上家 希望的事 煩惱的事

無論家人在哪都能彼此溝通孩子們也可以安心生活的環境

不被物品所箝制而是配合本身的生活方式來思考實用方便的規劃

把兩間連接在一起的和室變成LDK將廚房打造成全家人可以一起下廚的空間

食物類的庫存全部集中於同一處希望拿取收放都很方便

女主人

男主人

設計師所思考的重點

利用挑高打通以及室內窗把房間串連起來以視線或聲音就能和家人互動

不為了配合物品打造置物櫃而是建立靈活度高的收納系統

上菜或收拾都方便的廚房吧台兼餐桌以及寬敞的下廚空間

在廚房側面設置食物儲藏間以保有便利性高的環狀動線

reno-cube
設計師
高木英恵

和廚房結合在一起的餐桌，無論是上菜或收拾都不需要移動，原地就能完成。孩子們也會主動要求一起幫忙。

Point
上菜＆收拾都很方便的
一體成形廚房餐桌

Dining & Kitchen

利用挑高打通和室內窗的設計打造家人互動零距離的家

藏在抱石牆後、有如秘密小屋般的閣樓，有高地落差的地板，名為書房實為「小天地」的房間等等，町上家充滿了屋主獨特的巧思。這個屋子原本是男主人祖父留下來的空屋，因為是有著滿滿回憶的房子，所以從頭到尾都只打算重新整修。

「希望是能夠感受家人的動靜，孩子們也能安心成長的家。」針對這樣的需求，reno-cube的高木小姐所提出的方案是，在客廳作出一個寬闊的挑高空間。不只日照充足空氣流通，家人之間的視線所及以及聲音都能涵蓋整個房子。「不但從一樓就能看見二樓兒童房的狀態，就算在其他位置也都能感受到孩子們的動靜，相對能夠安心地處理家事。」

為了使男主人及孩子們能輕易地在廚房一起幫忙，採用開放式設計，使廚房的吧台兼具了餐桌的功能。「旁邊就是食物儲藏間，需要的東西立刻就能拿到手。而且因為是互通的環狀動線格局，省去了不必要的移動，就連打掃都能像『一筆劃遊戲』般順利解決（笑）。」

Point
食物儲藏間、流理台、冰箱
排成一列的家務動線

Point
環狀動線的格局
打掃起來毫無壓力

從玄關到食物儲藏間、廚房、客廳再回到玄關，以順暢無礙的環狀動線提升做家事的效率。就連吸塵器都能一次吸完。

Pantry

Point

開放式收納
一個動作
就能拿取物品

開放式的置物櫃是針對食品儲藏間訂作。沒有門板，一個動作就能拿取需要的物品，什麼東西放在哪裡也一目瞭然。

Point

一邊作菜也能
盯著孩子
完成作業

在食物儲藏間裡加設的工作區。「現在是女兒寫功課的專用桌（笑）。因為就在廚房旁邊，即使一邊作菜也能同時幫忙孩子作功課。」

Point

掛勾式收納
需要的時候
一瞬間就能拿取

Point

加熱料理時
非常方便的
四口瓦斯爐

充滿屋主個人風格的廚房，紅色磁磚令人印象深刻。掛勾式收納則是「馬上就能拿到需要的東西，收拾也很簡單」，同時帶有裝飾功能的樂趣。

Point

利用木箱或籃架
方便拿取

Kitchen

隨著日常生活
讓起居更愜意
實用性也很重要

「或許隨著孩子的成長，生活型態會有所改變也說不定，所以一開始沒有把一切固定下來，而是希望隨著生活漸漸地打造出最適合的家。而且這樣的過程也很讓人期待。」

例如夾板牆壁，也許將來會刷上油漆或貼上壁紙。「所以即使現在孩子們弄髒或塗鴉我們也不太在意（笑）。」

收納的模式也是一樣，倉庫或閣樓為了希望保有靈活度，不選用固定的置物櫃，而

Point

附有多重出水口功能的水龍頭
清洗水槽時最實用

Point

兩個人一起下廚
也很有餘裕的空間

為了下廚時即使背後有人經過也不致於擁擠，廚房的規劃採II型設計，讓通路更寬敞。「『GROHE』的水龍頭是我們一直想要的物品之一。」

Entrance

全家人一起外出時也不會塞住的寬闊玄關。「回家時，從門旁的小窗看見出來迎接的孩子們，很療癒。」

Point
即使成為6人家庭出入也很順暢的寬闊玄關

Storage room

Point
所有的衣物類都集中收納在這個全家人的衣櫃

把曾經是廚房的位置，變成全家人的衣櫃。還有藥品及電池這類的消耗品、木工用品也集中收放在這裡。

Point
挑高的樓中樓
讓家人之間的互動零距離

↓掛在牆上的背包，右邊就是兒童房的室內窗。書房也裝有小窗。每個家庭成員都能跟在廚房的人互動溝通。

↑挑高區域，即使二樓的動靜也能掌握。爬上梯子後是0.5坪大小的男主人書房。

Living room

僅保留開闊的空間。而在廚房或盥洗室裡的固定式置物櫃，也是同樣的原則：不配合物品、而是以具有彈性的方式大致分類擺放。該怎麼作才能真正方便使用，在生活的點點滴滴之中，答案也會漸漸地浮現。

「特別留意東西不要超過收納空間的容量，如果真的太多，就要著手處理該捨棄的部分。我認為這就是讓整理以及打掃變得輕鬆容易的重點。」

Point
換季物品
全部收納在這裡

下雨天也能
開心遊玩!

Point
孩子們能
安心玩耍的
抱石牆

Family room

沿著抱石爬上牆壁會看見閣樓，這裡收納了換季的物品。「這麼一來就不會忘記東西收到哪去了（笑）。」

Point
大人和小孩
都能彼此知道
對方的動靜

←兒童房的地面刻意降低一階。上面的窗戶通往家庭娛樂室，下面的窗戶通往LDK。「無論在一樓或二樓的任何地方都能看見兒童房，幫了大忙。」↑這是從廚房看過去的視線。

Kid's room

Point
陽臺可以集中晾曬棉被或洗好的衣物

Bedroom

照理要設置三個門板，但刻意只設置了兩個。入口關上後儲藏櫃便打開，儲藏櫃關上後房門便打開了。

Point
開放的拉門設計
在各個房間移動
都很輕鬆

Bathroom

選用的是「TOTO」簡潔的系統衛浴。牆上釘有毛巾架，水瓢可以瀝乾後再收起來。「地板也很容易清潔。」

Data

家庭結構……… 夫婦+3位孩童
屋齡…………… 40年
房屋面積……… 109.26㎡(33.05坪)
建築面積……… 61.97㎡(18.75坪)
佔地面積……… 108.15㎡(32.72坪)
1F61.97㎡+2F46.18㎡
工期…………… 2013年9至12月
翻修費用……… 約1280萬日幣
3.3㎡單價 …… 約39萬日幣
翻修設計・施工… reno-cube(桶庄)
☎052-325-8692
https://reno-cube.jp

Voice

住進來後的感想! by 町上家

整個家的空間串聯得很好，無論人在一樓或二樓任何地方，都能以視線或聽覺來確認孩子們的狀態。以廚房為中心所打造的環狀動線，也讓行動更順暢。現在正是無法鬆懈的育兒黃金時期，但這個家讓我們得以安心做家事。

Point
能夠收納
大量庫存品的棚架

Sanitary

「耗材庫存就直接跟使用中的東西放在一起。」省去了尋找的麻煩，需要補充的時候也馬上就知道。

CASE 03

廚房與起居餐廳間有著恰到好處的距離 環狀動線也是重點！

Name. 石倉家
Area. 大阪府

從事家用設備開發工作的男主人，與女主人以及兩個孩子共四人的家庭。藉著自家翻修的機會開始研究室內裝潢的女主人，與原本就喜愛設計的男主人，享受著生活的樂趣。

Before

石倉家

希望的事 煩惱的事

起居餐廚空間不要太過開放
廚房保有適度獨立感

把廚房拓寬
希望擁有一個喝咖啡的獨處空間

洗衣機放在一樓但晾曬衣物在二樓感覺很麻煩

比起以前的住家面積大了許多打掃似乎很費力

女主人　男主人

After

設計師所思考的重點

在廚房和起居餐廳之間加裝隔牆
保有廚房獨立性
又以室內窗連結

打造食物儲藏間
讓廚房周圍
更顯清爽

改變樓梯的位置
形成環狀動線
讓洗衣晾曬更順暢

廚房或衛浴的地板
貼上容易清理的磁磚

Arts & Crafts
設計師
一森典子

半獨立式的廚房
可以隨喜好裝飾
變成最喜歡的居家空間

「在期望的區域和預算之內，希望有一個能享受屬於我們自己的生活模式的家」，所以選擇了屋齡27年的房屋重新整修的石倉家。

將廚房營造出溫馨感，能夠在這裡喝咖啡、讀本書，好好放鬆一下，是女主人的願望。最後完全不須變動廚具的位置，只需要加設一道隔間牆，和起居餐廳的位置既連結但又保有獨立性，達到一個完美的距離感。因為空間明亮又舒適，孩子們也很開心地主動幫忙做家事。

在廚房旁設置了食物儲藏間，不但能收拾得很清爽，下廚也起來更方便。再加上選用不鏽鋼製的開放式置物架，可以輕鬆拿取碗盤之外，隨時都能欣賞自己的餐具收藏也是一種樂趣。

洗衣機就放在廚房旁邊，再變動樓梯的位置增加通道後，不但能同時處理多件家務，到二樓晾衣物的路線也變得輕鬆許多。「從玄關到起居餐廳、廚房、衛浴、再回到玄關，完全暢通的環狀格局，購物回來後或是拿垃圾出去都相當方便。」

Kitchen

保留且活用既有的天窗、牆上貼有屋主喜歡的磁磚，打造出明亮又時髦的空間。地板上的貼的磁磚，優點是髒污非常容易清理。

Point
從廚房到盥洗室、浴室
路線為一直線

Point
把喜愛的碗盤
收納在開放式層架上
拿取收放都很方便

廚房地板使用質感良好的磁磚，衛浴地板則選用防水性佳的塑膠地板。材質不同但顏色接近，增加寬敞的感覺。

Point
磁磚地板
洗刷清潔
都方便

Point
抽屜式收納、洗碗機
無論下廚或收拾都很方便

廚房流理台選擇不鏽鋼材質，「跟老宅的風味很搭調。」加設了食物儲藏間收納物品，讓廚房保持清爽，打造成喜歡的模樣。

Sanitary

Point
實驗室風格水槽可以進行洗衣的
事前處理以及刷洗鞋子

寬敞的盥洗室。以鷹架木板作成的洗臉台上，放置實驗室風格的水槽，再利用底下的水管空間加裝開放式的置物架。

Point
就在廚房旁邊
可以同時洗衣與下廚

在洗衣機上方加設置物架，以籃子收放洗劑用品，再以藝術品裝飾製造樂趣。洗衣機跟盥洗室之間裝有簡單的拉門。

Kitchen

Point
咖啡用具集中收放於此
更方便使用

食物儲藏間加裝了室內窗，打造成一間不僅只有收納功能，也兼具美觀的空間。家電也刻意挑選具有風格的設計，不想被看見的物品就藏起來。

Point
寬敞的空間
下廚更輕鬆

「TRUCK」的餐桌搭配「THE CONRAN SHOP」的金屬餐椅。在白色＋原木色的空間裡以黑色點綴，創造出中性的氣氛。

Dining

Point

適當地阻擋視線
又能感受家人動靜的室內窗

「下廚的同時又能兼顧待在餐廳裡的孩子們。」格紋玻璃的室內窗，打開的時間也有透氣的功能。

食物儲藏區裡有分類垃圾桶。盡量把垃圾都集中在這裡，極力減少室內擺放的垃圾桶數量。

不被常規所箝制 重點是符合自我的生活形態 且住起來舒適

「不被常規給限制住，我們希望珍惜的是屬於我們家的居住舒適度。」石倉家表示。即使是一家四口居住兩層樓，廁所也只設置了一個，而且位置從一樓改到了二樓。歸功於此，盥洗室變得寬敞許多。臥室的空間縮減至最小，也沒有家具，力求簡潔。這麼一來就能從繁重的家務中解脫，生活愜意輕鬆。臥室旁邊則打造了一個全家人可以一起使用的彈性空間。

以前女主人總是以實用性為第一考量，如今轉變成以室內裝飾風格為重點。跟男主人之間有許多關於擺設的討論話題，也會一起外出挑選物品，生活過得充實有趣。

Living room

利用原本和室的壁櫥以及凹間的空間，打造一個訂作的書櫃，變成全家人的圖書館。底部的綠色令人印象深刻。

Point
相簿和CD
也集中收納在這裡

Point
能夠直接通往廚房
無論是晾曬衣物
或採購回家都很方便

Point
右手邊是
多功能衣櫥
左手邊是
大容量鞋櫃

Entrance

→改變了樓梯的位置，除了通往客廳的動線，另外創造出通往廚房＆盥洗室的動線，新的格局讓生活更便利。
←拓寬了玄關的空間，二側都訂作衣櫥增加收納容量。門板選用簡潔的設計，跟整個空間完美融合。

Point
能夠鉤掛物品
也能設置層架的
木製洞洞板

Free space

樓梯間變身成彈性空間。男主人可以在這裡整理釣魚用具，孩子們可以在這裡畫圖。未來也可以變成兒童房。

Bedroom

→原本是2.8坪大小的和室，變成力求極簡「只用來睡覺」的房間。沒有電視，僅以牆上的畫增添安逸感。↓臥室地板選用的是，光腳踩上也很舒服的杉木素材。臥室跟彈性空間之間，加裝復古風格的毛玻璃室內窗。

Data

家庭結構……… 夫婦+2位孩童
屋齡……………… 32年
房屋面積……… 90.08㎡(27.25坪)
建築面積……… 約44㎡(約13.3坪)
佔地面積……… 81.80㎡(24.74坪)
工期……………… 2014年1月至3月
翻修費用……… 約1200萬日幣
3.3㎡單價 …… 約49萬日幣
翻修設計・施工… Arts & Crafts
☎06-6443-1350
www.a-crafts.co.jp

Voice

住進來後的感想! by 石倉家

在設計的時候就仔細思考過動線問題，現在住起來真的很輕鬆。因為打造了一個自己很喜歡的空間，琢磨如何擺設美化住家也變得很有趣。隨著孩子們的成長，東西也多了起來，今後得要重新審視收納容量的問題。

Toilet

廁所在二樓而且只有一間，「雖然我們是四人家庭，但沒有任何不便之處。」馬桶選擇造形簡單的設計，利用牆上壁紙裝飾點綴。

為了打造「做起家事得心應手的住宅」！

住宅&室內裝修雜誌的從業人員在打造自家時所考慮的重點

Part 3

——家中設備的部分又是如何呢？有沒有什麼是覺得「買了真好」的呢？

T　內嵌式的洗碗機，還有掃地機器人「Roomba」。如果少了這兩樣，我們家的生活就開天窗了（笑）。系統衛浴的自動給水功能也是，這類只要按下開關之後就不用煩惱的設備或家電，我覺得對雙薪家庭來說相當實用。使用洗碗機連擦乾碗盤都不需要，非常省時。

——掃地機器人好用嗎？我也蠻心動的。

T　對我來說，有一件「以前曾經很討厭、但現在已經不討厭的家事」，那就是掃地。在以前舊家，我先生把書跟雜誌都堆在地上，在一疊一疊的書堆之間就會堆積很多灰塵不是嗎？當我必須把那些書堆一疊一疊移開才能用吸塵器的時候，就超想哭的……我還真的哭了。所以有了新家之後，最先想好要買的就是掃地機器人，然後規定基本上不准在地板擺東西。規劃好不用放在地面上也能收納的安排，新的家具也以底下有能讓掃地機器人通過的高度來選擇。床鋪則是半訂作的，高度抬高2cm。

——哇……執行得很徹底耶。

T　不是啦，床底正是最需要掃地機器人的地方嘛！現在重新回想一遍，在蓋自己的新家時，從「輕鬆做家事」這個觀點上來說，我想我最重視的就是「收納．動線．設備」這三件事。在玄關的位置因為有防災用品、整理居家菜園所需要用到的農具等許多東西要堆放，所以在原本的玄關處之外，又打造了一個雙向的土間（傳統日式玄關），可以通往房間又同時兼具收納功能。這裡我們雖然討論的是收納問題，但也同時牽涉到動線。如果玄關不好進出，我覺得所有家事都不會好做（笑）。玄關不通順做起家事也不會通順，這是我的看法。

——除了洗衣晾曬的動線之外，還有沒有什麼其他巧思，是妳從採訪過的房屋得到靈感呢？

T　在廚房的一角架設工具間和廚房側門，那個位置的脫鞋處的兩側可以作為資源回收垃圾區。以前的舊家沒有這個區域，所以尚未丟棄的資源回收垃圾便會蔓延到生活空間裡來，實在很傷腦筋。所以這個點子就被我直接盜用了（笑）。

——那麼最後請談一談，給未來即將想打造自己的住家、希望擁有一個「做起家事得心應手的住宅」的人，妳有什麼建議呢？

T　在格局規劃好後，請在設計圖上演練一次自己做家事的動線看看。「在這裡按下洗衣機後，走到這裡，在這裡晾衣服，在這裡折衣服……」這樣。以前我在電視上看過，好像是去搞笑藝人家裡還是什麼的節目，還真的有洗衣機在一樓，洗澡間在二樓，晾衣服在三樓的房子！

——從二樓把待洗衣物拿到一樓去洗，然後再拿到三樓去晾嗎？（笑）

T　沒錯沒錯。為了不要造成這種結果（笑），所以要事先演練做家事的動線才行。如果產生什麼疑問的時候，最好不要心想「沒關係，應該可以吧」而忽略過去。這畢竟是日常生活的一部分啊。還有就是，現在住的家裡一邊抱怨一邊進行的家務，也要思考改善的方法。例如，下課回到家的孩子們總是把書包亂扔，如果總是為了這件事生氣，那麼新家就有確保有收放書包的空間。再來，尤其是雙薪家庭，選對設備或家電也是很有幫助的，就算不用買到等級最好的也無妨。

——這樣啊，那麼我家也來買掃地機器人好了……

T　洗碗機跟掃地機器人是最棒的！

〈完〉

4章

How to plan

依據空間打造使家務順利完成的住宅之箇中訣竅

這裡要為大家介紹針對不同的空間——
廚房、盥洗室、客廳&餐廳等等，所因應的規劃技巧。
為了打造一個提升做家事效率的家，事前應該要檢討哪些事項，
請務必參考經驗豐富的建築師所給的建議！

構成・採訪・撰文／後藤由里子　插圖／寺坂耕一

建築顧問

PLAN BOX一級建築師事務所

小山和子

1955年出生於廣島縣，畢業於女子美術大學藝術學系。1987年成立小山一級建築師事務所。1995和湧井辰夫共同成立目前的事務所。擅長站在居住者的角度提供多樣化的建案。積極推動以DIY降低成本，或讓業主一同參與建案打造新家等等。

明野設計室一級建築士事務所

明野岳司・美佐子

岳司先生（一級建築師、東海大學兼任講師）1961年出生於東京。1988年結束芝蒲工業大學的碩士課程，任職於磯崎新Atelier公司。美佐子小姐（一級建築師、福祉居住環境協調員二級、居家檢查員）1964年出生於東京。1988年結束芝蒲工業大學的碩士課程，任職於小堀住研公司（現為SXL公司）、中央研究所。2000年起成立現在的事務所。

HOW TO PLAN

>>> Basic

基本的思考重點

為了打造「做起家事得心應手的家」首先就從這些重點開始檢討吧！

規劃使家務輕鬆的居家格局 要從了解自己的習慣開始

要感受到做起家事的方便感及輕鬆感，就要找出當事人的喜好或習慣，這是相當個人的事。例如理想的收納方法是「全部隱藏起來，清爽又舒服」、「整齊地擺放出來，賞心悅目」、「全部集中在同一個地方，省事」等等，每個人的偏好都不同。

簡言之，如果想追求一間「輕鬆家務」的住宅，首先就是要察覺自己的喜好和下意識習慣，怎麼作才會覺得自在且心情好。再來接著檢討動線以及各個空間的具體規劃吧。（明野）

揣想全家人一天的行動 結合到格局規劃之中

順暢不打結的家務動線，就是建立在每天的日常生活模式之上。想像一下從早上起床到晚上就寢前，自己以及全家人的行動，哪些空間若距離接近行動會更自如，或是同時進行多樣家務時更為便利的動線等等，把這些重點納入格局規劃之中吧。當場揣摩自己做家事的畫面，把設備擺放的位置或收納的規劃都加入設計圖裡。（明野・小山）

「有人移動的場所」和「休憩放鬆的場所」徹底區隔開來 打造平靜安穩的居所

在一個家裡面，會有廚房、餐廳、通往玄關或樓梯的走道這類「有人站立或移動的場所」，以及客廳這類「不會頻繁移動、大多是坐著」的場所。把這兩種場所徹底區分開來，不要把做家事的動線安排在「靜坐不動」的場所裡，就能打造出一個令人感到平靜且安穩的居家環境。尤其是電視機和沙發之間不要有家事的動線，請特別留意。（明野・小山）

收納空間 不要被「名稱」所束縛

收納空間，大多有類似「衣帽間」、「食物儲藏間」、「抽屜」等等稱呼，但其實完全不需要被這些名稱給限制住。所謂的收納，簡單說就是「把想收起來的東西放在想要存放的地方」。就算在玄關收納處放置衣物或食品、在食物儲藏間收放化妝用品或書本，都無所謂。仔細思考對自己來說，怎樣配置才是最方便做家務的，並考慮全家人的收納習慣，以最柔軟有彈性的想法來應對。內部的棚架也盡可能不要釘死，最好是隨時能依需求調整改變。

如果添購過多設備之後的維護也相對辛苦

選擇家用設備機器時，總是容易掉入「有這個應該很方便」、「既然都翻修了不如就裝下去吧」的想法之中。確實，有許多設備是「有了會很方便」，但仔細思考就會發現其中有些「沒有也沒關係」。除了增加設備會拉高預算之外，也會有隨之而來的平日保養、故障修理／更換等等。例如，重新審視「廁所真的需要兩間嗎？」之後或許就會發現只有一間廁所，打掃起來也省時省力不少。（明野）

做家事時更好移動拉門比普通的門還方便

拿著洗好的衣物準備晾曬，或是要去倉庫拿東西的時候，移動時雙手都拿著物品就不方便開關門。為了解決這個問題，推薦大家選用拉門。除了開冷／暖氣的時候關上以外，其他時間都可以敞開，手上拿著東西也可以隨心所欲在不同房間移動，用起吸塵器更是輕鬆無障礙。（明野）

無論什麼樣的格局都還是會有缺點請銘記於心

要打造一個做起家事輕鬆方便的家，會有許許多多的巧思創意產生，似乎每一個想法都會令人感覺到「好處真多」！只不過，無論什麼樣的規劃格局，也一定會有缺點，這點請務必放在心上。

例如，在一個空間裡做出雙向往來無礙的環狀動線，讓家事得以輕鬆進行的同時，由於本來應該是牆面的位置打掉成為通道，相對的收納空間就減少了。把每一個設計圖裡的優點跟缺點都確實掌握住之後，放在天秤上同時比較討論是很重要的。（明野）

HOW TO PLAN

>>> Living & Dining

起居&餐廳

放鬆心情的場所，容易收拾整理是最大的重點
需要注意哪些事項呢？

打造充足的收納位置 避免日常生活用品堆滿室內

在全家人聚集的起居餐廳空間，生活用品也自然會跟著聚集，導致這個空間容易變得凌亂，而四散的物品也讓打掃整理變得不容易。針對這點，需要確保擁有足夠的收納位置。建議大家不要在客廳安置收納，而是讓餐廳發揮置物的功用。坐在沙發上渡過悠閒時光的客廳，如果置放了高大的櫃子會有壓迫感而破壞了舒適的氣氛；但是在餐廳的時候大家的視線會落在較高的位置，所以就算有壁面收納櫃也不至於感到太沉重。（小山）

準備一個「就算不收拾也無所謂」的區域 大人小孩都更無壓力

讓孩子們在客廳玩耍，雖然可以一邊處理家務一邊看顧，但另一方面也造成玩具四處散落。針對這樣的煩惱，最有效的解決之道就是在客廳旁邊安排一個小朋友專用區。以拉門隔開，平時敞開就可以跟客廳連結成一個大房間。有客人造訪時只要關上拉門，就能把散落的玩具藏起來。也不用怒吼孩子們「把玩具收起來！」讓他們自由自在地玩耍。地面如果鋪上榻榻米，還可以當成小嬰兒午睡的地方。（小山）

如果吸塵器能收納在起居&餐廳的話 清掃的負擔立刻減輕不少

覺得「掃地好麻煩」的人，大多都是因為「要走去拿吸塵器好麻煩」。也就是說，如果在想用吸塵器的地方就有吸塵器，立刻就會降低清掃的壓力。建議可以把吸塵器收納在最容易弄髒的餐廳裡。只要準備一個直立的隨意空間，不管換什麼型號的機器都能放得進來。（小山）

HOW TO PLAN

臥室&衣櫥

Bedroom & Closet

衣物的收納·管理 也是一件重要的家事 會影響臥室的舒適度

衣帽間最好規劃成細長型 較能有效利用空間

想要保持臥室整潔清爽，就必須作好衣物的收納規劃。請務必準備一個能有大量收納且方便使用的空間。

在規劃衣帽間的時候，比起正方型，建議選擇細長型。空出中間的通道，左右兩邊的牆面都可以架設大量的棚架，再堆疊上可移動式的收納箱，就能有效利用所有空間，並且增加收納的容量。棚架的深度不要太深，這樣一眼就能看清楚置放的衣物，也有預防堆積過多物品而不自覺的功用。（明野）

衣帽間若也能從走廊進入 相對便利

如果把衣帽間安排在臥室深處，要進入衣帽間就必須穿過整個臥室，收納的動線也會拉長。若是把衣帽間安排在臥室門邊，從走廊也能直達，整個動線馬上縮短。建議也可打造成收納全家衣物的「家庭衣櫥」。這麼一來不用分別走至各個房間才能收拾衣服，又能輕鬆控管孩子們的衣物。（小山）

若是想要成本低又方便使用的收納系統 請準備大一點的儲藏室

如果期望是「不要花太多預算但是可以有大容量收納空間」，可以試試看在衣櫥之外加設一個較大的儲藏室。比在每個房間分別製作置物櫃省錢，而且從日常用品到客用的棉被都能收納，用途廣泛。建議一口氣規劃至少2．8坪大小的儲藏室。至於安排的位置以及內部的裝潢，則請以「全家人每天都能輕易地使用」為最高原則。（明野）

>>> Epilogue

結合居住者的想法以及設計師的巧思，
所打造出的「做起家事得心應手的住宅」，各位覺得如何呢？
雖然同樣都是家事，但是節奏、頻率、要求的完成度，每個人都不同。
正因為沒有標準答案，只需要根據自己的需求，堅持達到自己的理想就對了。
在這個時候，希望也能把「如何使自己和家人更輕鬆」一起考慮進來。
為了讓每一天的生活都有笑容，自在舒適地走在漫長的人生旅途上，
做起家事得心應手的住宅，將是今後住屋的必要條件。

國家圖書館出版品預行編目資料（CIP）資料

解決「時間不夠」的問題！雙薪家庭的輕鬆家事格局提案 / 主婦之友社編著；丁廣貞翻譯. -- 初版. -- 新北市：良品文化館出版：雅書堂文化發行, 2020.04
面；　公分. -- (手作良品；91)
ISBN 978-986-7627-22-3(平裝)

1.空間設計 2.室內設計 3.家庭佈置

422.5　　　　109002344

手作良品 91

解決「時間不夠」的問題！
雙薪家庭的輕鬆家事格局提案

授　　權／主婦之友社
翻　　譯／丁廣貞
發 行 人／詹慶和
執行編輯／陳昕儀
編　　輯／蔡毓玲・劉蕙寧・黃璟安・陳姿伶
執行美編／陳麗娜
美術編輯／周盈汝・韓欣恬
出 版 者／良品文化館
發 行 者／雅書堂文化事業有限公司
郵政劃撥帳號／18225950
戶　　名／雅書堂文化事業有限公司
地　　址／220新北市板橋區板新路206號3樓
網　　址／www.elegantbooks.com.tw
電子信箱／elegant.books@msa.hinet.net
電　　話／（02）8952-4078
傳　　真／（02）8952-4084

2020年4月初版一刷　定價450元

「時間が足りない！」を解決する 家事がはかどる家

經銷／易可數位行銷股份有限公司
地址／新北市新店區寶橋路235巷6弄3號5樓
電話／（02）8911-0825　傳真／（02）8911-0801

原書STAFF

設計／酒井夕里
封面攝影／松井ヒロシ
平面格局圖／長岡伸行
校對／荒川照実
助理／坂東璃生
編輯／志賀朝子（主婦之友社）